神奇的自然地理百科丛书

不断演变的明珠——湖泊

谢 宇◎主编

花山文艺出版社

河北·石家庄

图书在版编目（CIP）数据

不断演变的明珠——湖泊 / 谢宇主编. — 石家庄：
花山文艺出版社，2012（2022.2重印）
　（神奇的自然地理百科丛书）
　ISBN 978-7-5511-0667-2

　Ⅰ．①不… Ⅱ．①谢… Ⅲ．①湖泊－中国－青年读物
②湖泊－中国－少年读物 Ⅳ．①P942.078-49

　　中国版本图书馆CIP数据核字（2012）第248537号

丛 书 名：神奇的自然地理百科丛书
书　　名：不断演变的明珠——湖泊
主　　编：谢　宇
责任编辑：冯　锦
封面设计：袁　野
美术编辑：胡彤亮
出版发行：花山文艺出版社（邮政编码：050061）
　　　　　（河北省石家庄市友谊北大街 330号）
销售热线：0311-88643221
传　　真：0311-88643234
印　　刷：北京一鑫印务有限责任公司
经　　销：新华书店
开　　本：700×1000　1/16
印　　张：10
字　　数：140千字
版　　次：2013年1月第1版
　　　　　2022年2月第2次印刷
书　　号：ISBN 978-7-5511-0667-2
定　　价：38.00元

前　言

　　人类自身的发展与周围的自然地理环境息息相关，人类的产生和发展都十分依赖周围的自然地理环境。自然地理环境虽是人类诞生的摇篮，但也存在束缚人类发展的诸多因素。人类为了自身的发展，总是不断地与自然界进行顽强的斗争，克服自然的束缚，力求在更大程度上利用自然、改造自然和控制自然。可以毫不夸张地说，一部人类的发展史，就是一部人类开发自然的斗争史。人类发展的每一个新时代基本上都会给自然地理环境带来新的变化，科学上每一个划时代的成就都会造成对自然地理环境的新的影响。

　　随着人类的不断发展，人类活动对自然界的作用也越来越广泛，越来越深刻。科技高度发展的现代社会，尽管人类已能够在相当程度上按照自己的意志利用和改造自然，抵御那些危及人类生存的自然因素，但这并不意味着人类可以完全摆脱自然的制约，随心所欲地驾驭自然。所有这些都要求人类必须认清周围的自然地理环境，学会与自然地理环境和谐相处，因为只有这样才能共同发展。

　　我国是人类文明的重要发源地之一，这片神奇而伟大的土地历史悠久、文化灿烂、山河壮美，自然资源十分丰富，自然地理景观灿若星辰，从冰雪覆盖的喜马拉雅、莽莽昆仑，到一望无垠的大洋深处；从了无生气的茫茫大漠、蓝天白云的大草原，到风景如画的江南水乡，绵延不绝的名山大川，星罗棋布的江河湖泊，展现和谐大自然的自然保护区，见证人类文明的自然遗产等自然胜景共同构成了人类与自然和谐相处的美丽画卷。

　　"读万卷书，行万里路。"为了更好地激发青少年朋友的求知欲，最大程度地满足青少年朋友对中国自然地理的好奇心，最大限度地扩展青少年读者的自然地理知识储备，拓宽青少年朋友的阅读视野，我们特意编写了这套"神奇的自然地理百科丛书"，丛书分为《不断演变的明珠——湖泊》《创造和谐的大自然——自然保护区 1》《创造和谐的大自然——自然保护区 2》《历史的记忆——文化与自然遗产博览 1》《历史的记忆——文化与自然遗产博览 2》《流动的音符——河流》《生命的希望——海洋》《探索海洋的中转站——岛屿》《远航的起点和终点——港口》《沧海桑田的见证——山脉》十册，丛书将名山大川、海岛仙境、文明奇迹、江河湖泊等神奇的自然地理风貌一一呈现在青少年朋友面前，并从科学的角度出发，将所有自然奇景娓娓道来，与青少年朋友一起畅游瑰丽多姿的自然地理百科世界，一起领略神奇自然的无穷魅力。

丛书根据现代科学的最新进展，以中国自然地理知识为中心，全方位、多角度地展现了中国五千年来，从湖泊到河流，从山脉到港口，从自然遗产到自然保护区，从海洋到岛屿等各个领域的自然地理百科世界。精挑细选、耳目一新的内容，更全面、更具体的全集式选题，使其相对于市场上的同类图书，所涉范围更加广泛和全面，是喜欢和热爱自然地理的朋友们不可或缺的经典图书！令人称奇的地理知识，发人深思的神奇造化，将读者引入一个全新的世界，零距离感受中国自然地理的神奇！流畅的叙述语言，逻辑严密的分析理念，新颖独到的版式设计，图文并茂的编排形式，必将带给广大青少年轻松、愉悦的阅读享受。

编者

2021年8月

目 录

第一章

◉ ◉ ◉

中国湖泊的形态与分布

◉ ◉ ◉ ◉ ◉ ◉ ◉ ◉

中国湖泊的外部形态特征是千差万别的。大型湖泊可达数万到数十万平方千米，小型湖泊只有几千平方千米；有深达千余米的深湖，也有水深仅几厘米的近于干涸的湖泊。湖泊几何形态上的变化，在很大程度上取决于湖盆的起源，不同成因的湖泊其轮廓是不同的。一般来讲，河成湖、堰塞湖保留了原有河床的某些形态特征；发育在构造凹陷盆地基础上的或是火山口积水而成的湖泊，其外形略呈圆形或椭圆形；而发育在地堑谷地中的湖泊，则多呈狭长形等。现在的湖

晨曦中的湖面

泊，除沿袭古湖泊的某些形态特征外，还在外界条件的影响下，发生了形态改变。例如，入湖河流所携带的泥沙，起着改造湖泊沿岸的地形与填平湖底起伏的作用；风浪能使沿岸带的泥沙重新移动和沉积，使迎风岸侵蚀加剧，而背风岸沉积增多。也有因气候变化而引起湖面的收缩或扩大。沿岸带水生植物和底栖生物的滋生，不仅可引起湖泊形态的改变，还会加速湖泊的消亡。此外，新构造运动也会改变湖泊的形态。沉降型的湖泊，除湖水加深外，还使沿岸的港口得到发育，湖岸的岬湾曲折交错；掀升型的湖泊，湖水逐渐变浅，湖岸发育顺直。所以，一个湖泊的形态发育是错综复杂的，它可以是单因素的，也可以是多因素作用的产物。特别是人类的经济活动，直接、间接地参与了湖泊形态的改造，如建闸蓄水、固岸工程、滩地围垦等，都可促进湖泊形态的变化。因此，中国目前湖泊的形态是自然与人共同作用的结果，而不是湖泊形成初期的自然形态。

通过对全国1平方千米（包括1平方千米）以上湖泊的分类统计，得知中国现有湖泊近2800多个，面积合计为8万平方千米。

中国湖泊的分布，大致以大兴安岭—阴山—贺兰山—祁连山—昆仑山—唐古拉山—冈底斯山一线为界。此线东南为外流湖区，以淡水湖为主，湖泊大多直接或间接与海洋相通，成为河流水系的组成部分，属吞吐型湖泊。此线西北为内流湖区，湖泊处于封闭或半封闭的内陆盆地之中，与海洋隔绝，自成一小流域，为盆地水系的尾闾，以咸水湖或盐湖为主。

在中国的天然湖泊中，由于各种原因，还发育了一些特殊的湖泊。例如，地处世界屋脊青藏高原上的纳木错湖，湖面海拔4718米，面积1920多平方千米，是地球上海拔最高的大型湖泊；位于吐鲁番盆地中的艾丁湖，湖面在海平面以下154米，是世界上海拔最低的湖泊之一。中国湖泊高度悬殊之大，为世界所罕见。此外，在西藏羊八井附近，发现了一个面积达7300平方米，最大水深超过16米的热水湖，水温持续在46℃～57℃之间，每当晴空无云之际，巨大的气柱从湖面冉冉升起，景色十分壮观。云南丘北六郎洞内还有一个巨大的地下湖，湖水从溶洞溢出的流量达26立方米/秒，现已成功地用以发电，是中国第一座地下湖发电站。

雨中的湖面

中国的湖泊由于分布在不同的自然地带，所以它们的特性差异较大。全国湖泊比较集中地分布在五大湖区。

一、东部平原湖区

东部平原湖区是指长江及淮河中、下游，黄河、海河下游及大运河沿岸所分布的大小湖泊，这些湖泊大多由构造运动、水流冲积作用或古潟湖演变而成的外流湖。湖泊总面积为21641平方千米，约占全国湖泊总面积的30.2%，是中国湖泊密度最大的湖区。我国著名的五大淡水湖——鄱阳湖、洞庭湖、太湖、洪泽湖和巢湖都分布在这里。

由于本区濒临海洋，地处东亚季风带，气候温暖湿润，所以湖泊水利资源比较丰富，河湖关系十分密切。湖泊水位的年变幅较大，并具有从上游到下游逐渐变小的趋势。通江的湖泊洪水期湖水汪洋一片；而枯水期港汊交织，洲滩显露，湖盆浅平，多数湖泊的平均水深不足2米，属浅水型湖泊。

本区入湖河流带来大量泥沙不断在湖内沉积，使湖盆日渐淤高，湖面日益缩小，在长期作用下使历史上的一些古湖泊淤为平陆。洞庭湖曾号称为"八百里洞庭"，是中国面积最大的一个淡水湖，然而现在却变成一个支离破碎的湖泊，面积已大大缩小。本区内还有不少湖泊已被泥沙淤积或人类垦殖而消失。特别是近十余年来的盲目围垦，已使一些湖泊日益丧失调节江河水量的作用，湖泊自然资源及其生态环境，都受到不同程度的影响和破坏。

二、青藏高原湖区

青藏高原上的湖泊，总面积达36899平方千米，约占全国湖泊总面积的45.2%，它是地球上海拔最高、数量最多且面积最大的内陆高原湖群，也是中国湖泊分布密集的地区之一。这里的湖泊以咸水湖和盐湖为主，湖水深度一般较大，冬季结冰期也长。这些湖泊大多集中分布在藏北高原和柴达木盆地与其周围干旱闭流的高原腹地，往往成为内陆水系的尾闾或汇水中心的内陆湖泊。这些湖泊大多发育在一些平行山脉间的大小不等的山间盆地和纵向谷地之中，一些大中型湖泊都是在构造断裂带的基础上发育而成的，湖泊往往沿构造方向呈带状排列，只有少数冰川湖或堰塞湖分布在山地或峡谷地区。

由于青藏高原气候寒冷而干燥，湖泊受高山冰雪融水的补给少，水量一般较少，湖泊沿岸带残留的多道古湖岸线遗迹，说明了近期湖泊的变迁是处在普遍退缩之中，由一些古代巨湖衍生出来的小湖，多以时令湖或盐湖的形式出现。由于入湖径流带来的盐分不断累积，水质日趋盐化，湖水含盐量一般较高。据调查，本区有20%～30%以上的湖泊已发展到盐湖或干盐湖的阶段。

在青海省南部的黄河上游，构造盆地宽阔平坦，有不少湖泊分布，其中著名的扎陵、鄂陵二湖，是青藏高原上最大的淡水湖，也是黄河流域仅有的两个大型湖泊。青藏高原东部的三江源地，由于地处中国大江大河的发源地，地面排水条件良好，是本区湖泊分布最少的地区。

三、蒙新高原湖区

蒙新高原湖泊的总面积达16400平方千米，约占全国湖泊总面积的20.1%，蒙新高原由于地处内陆，

平静而辽阔的湖面

远离海洋，气候干旱，降水稀少，但河流与潜水易向汇水洼地的中心积聚，所以亦能发育众多的湖泊。一些大型湖泊常常成为彼此孤立的内陆盆地水系的最后归宿，成为汇水中心或河流的尾闾。由于蒸发量超过湖水的补给量，湖水不断浓缩，遂发育成闭流型的咸水湖或盐湖。随着补给水量的增减，湖泊的水面时大时小，湖形亦多有变化。

发育在沙漠地区的风成湖，具有面积小、湖水浅、补给水量少、湖水易浓缩等特点，这些小型湖泊常随水源的多少而变化，雨季成湖，旱季干涸，因而盛产盐、碱、芒硝和石膏等化工原料。

四、东北平原——山地湖区

东北的湖泊总面积为3800平方千米，约占全国湖泊总面积的4.6%，湖区地处中国温带湿润、半湿润季风气候带，夏季短而凉爽，入湖水量比较丰富；冬季长而寒冷，湖水结冰期较长。由于湖底沉积物含有机质和腐殖质，湖水营养元素含量极为丰富。湖泊具有灌溉、航运、发电和发展水产等多种效益。

本区湖泊大多受火山活动的影响，如牡丹江上游的镜泊湖，五大连池市的五大连池和长白山地区的长白山天池等，都属于这一类型的湖泊。此外，在大片沼泽湿地上，亦点缀着一些大小不等的湖泊，当地称为泡或咸泡子，如连环泡、龙虎泡、大麻苏泡和月亮泡等，此类湖泊均较浅，含盐量较高，但也有个别湖泊由于补给水源的中断，而变成时令湖或干涸消亡。

五、云贵高原湖区

云贵高原湖泊的总面积为1200平方千米，约占全国湖泊总面积的1.5%，这些湖泊主要分布在滇中和滇西地区，以中小型淡水湖泊为主。云贵高原的湖泊湖水含盐量不

波光粼粼的湖面

高，湖深水清，冬季不结冰，并以风景秀丽而闻名。区内湖泊分属金沙江、南盘江和澜沧江水系。湖泊除蕴藏着丰富的水力资源外，还兼有灌溉、供水、航运和发展水产之利。

本区的湖泊多沿褶皱断裂构造方向排列，湖盆长轴与深大断裂带走向基本一致，多为构造湖。此外，碳酸盐类岩层经水的溶蚀后，对湖盆的发育也起着辅助作用。因此，位于喀斯特地貌发育地区的湖泊，湖水常靠地下暗河的补给或排泄。云贵地区由于近期新构造运动仍较强烈，破坏性地震能促使一些湖盆加深；岸线抬升的现象在不少湖泊也颇为明显，反映出湖泊在近期具有西升东降的趋势。

平静的湖面

第二章 丰富的湖泊水资源

中国的湖泊众多，其中1平方千米以上的湖泊约有2800余个，而且还拥有人工湖泊——大、中、小型水库8万余座，其面积数倍于天然湖泊。

湖泊水资源不仅是一种静态资源，而且还反映了动态水的蓄积量。但是，对人类最有用途的湖泊淡水资源，乃是积极参加水分循环过程的那些水资源，大气降水为其补给的源泉。湖泊水量与河川水量关系密切，是地表水资源的重要组成部分。中国河川水量比较充足，正常年径流量为27000亿立方米，占世界河川径流总量的6.8%，仅次于巴西、苏联、加拿大、美国及印度尼西亚，居世界第六位。中国湖泊水资源的储量，据不完全统计，

穿山越岭的湖水

为7330亿立方米左右（不包括面积不足1平方千米的湖泊），其中淡水资源的储量为2210亿立方米，占湖水储量的30.2%。如果连同全国大、中、小型水库的淡水储量，则湖泊、水库的淡水储量共达6210亿立方米左右，约占中国河川年径流量的23.0%。众多的湖泊、水库蕴藏着丰富的水资源，为各族人民从事耕耘土地、发展工业和养殖业、沟通航运提供了充足的水源，经过劳动人民千百年的奋斗，不少湖区已成为中国的鱼米之乡。

一、湖泊水位的变化

湖泊水位的高低，可视为湖泊贮水量变化的量度，表示湖面高低的水位值，是在不断变化着的，有水位的日变化、年变化和多年变化。引起湖泊水位变化的主要原因是水量平衡各要素间的变化，此外风、气压、地壳运动和宇宙力等亦是影响因素。

中国湖泊水位的日变化，大多小于2厘米～3厘米，尤其是较大的内陆湖泊，水位变化更小。长江、淮河沿岸的一些通江湖泊，每当进出水量急剧变化的汛期，水位的日变化较大，鄱阳湖于1970年7月11日～7月25日的一次洪峰过程中，康山水位站的水位从7月12日的16.82米增至7月16日的18.51米，4天水位升高了1.69米，其中7月14日和7月15日的日变幅分别达到0.54米和0.52米。

水位有周期性和非周期性两类日变化。非周期性的变化，主要是湖泊水量平衡各要素间的变化所引起的湖泊水位的变化，但风和气压所引起的非周期性水位的变化，有时也较显著。1971年9月24日，太湖曾刮了一次西北大风，迎风岸水位站的水位自2.48米增至3.12米，而背风岸的百渎口水位站的水位则从3.06米减至2.64米，两站水位差达0.55米。湖泊水位周期性的日变化，有一涨一落或二涨二落两种现象。如上海市郊淀山湖受潮汐的影响，一天之内水位有两次涨落过程，每日潮差达0.8米～0.9米。以融冰化雪作为水源的湖泊，水位的日变化以16时～18时为最高，晚上冰雪消融停止，水位下降，一天内水位呈现一涨一落的现象。

湖泊水位的年变化，主要取决于进出湖泊水量的变化。中国多数地区的湖泊，一年中最高水位常出现在多雨的7月～9月。受融冰化雪水量补给的湖泊，夏季水位稍有上升，而最低水位常出现在少雨的冬春季节。湖泊水位的年变幅，以长江中游的湖泊最大。洞庭湖鹿角水位站的水位年内变幅达11.75米，鄱阳湖康山水位站的水位变幅达5.86米。水位变幅大，湖泊面积和水量的变化就大，使这些湖泊出现"枯水一线，洪水一片"的自然景象。淮河流域及长江下游区湖泊的水位年变幅次之，一般为1.5米～2.5米；云贵高原湖泊的水位变幅较小，为1米～1.5米；而青海、新疆及内蒙古等地区的大型内陆湖泊，水位年内变幅最小，大多在1米以内。

湖泊水位的年际变化，与各年水量的多寡有关。2006年6月，淮河流域持续大面积降雨，受其影响，淮河干流一段水位全面上涨，流域内三大湖泊水位超过汛限。对于小型湖泊，特别是内陆湖泊，由于气候变化而引起湖区及流域内降水量的变化，也能使湖泊水位发生升高或降低的现象。人类经济活动对水位的年际变化也产生一定的影响。流域面积近3万平方千米的青海湖是中国第一大湖，在全球气候变化和人类活动的综合影响下，近几十年湖泊水位每年下降的平均速度接近10厘米，30年已经下降了近3米，黄河源区湿地受到人类活动的影响，也出现了明显的变化，湖泊水位逐年持续下降、湖泊面积萎缩、河流断流以及沼泽湿地退化。这些都已经成为生态环境退化的重要标志之一。

二、湖泊水量的分布

中国湖泊的淡水贮量，主要分布在青藏高原、东部平原及云贵高原三大湖区内。三大湖区的淡水贮量高达1998亿立方米，占湖泊淡

高山湖泊——天鹅湖

水总贮量的90.4%，其他地区的湖泊淡水贮量尚不及淡水总贮量的10%。

中国湖泊分布最多的省份是西藏自治区，湖水面积为23800平方千米，占全国湖泊面积的30%，湖水贮量为3696亿立方米，其中淡水水量仅占湖水贮量的16.9%。青海省的湖泊面积次之，为12335平方千米，湖水贮量为1690亿立方米，其中淡水水量占湖水贮量的20.7%。新疆维吾尔自治区湖泊面积为5086平方千米，居全国第四位，湖水贮量为520亿立方米，其中淡水水量仅占湖水贮量的4.2%。而位于长江中下游的湖南、湖北、江西、安徽、江苏及云贵高原的湖泊多为淡水湖，湖泊淡水贮量在992亿立方米左右，这些湖区人烟稠密，生产水平和人民生活水平都比较高，水资源开发利用的价值远大于人烟稀少的边远地区。

长期以来，人们习惯把鄱阳湖、洞庭湖、太湖、洪泽湖及巢湖称为中国五大淡水湖。其实像太湖、洪泽湖及巢湖，面积虽然不小，但湖水较浅，湖泊贮水量多在50亿立方米以下，远不如青藏高原和云贵高原的一些深水湖泊的贮水量。如果按湖泊贮水量的大小来进行湖泊分类的话，那么中国五大淡水湖泊，就应该是江西的鄱阳湖，贮水量259亿立方米；西藏的玛旁雍错，贮水量200亿立方米；云南的抚仙湖，贮水量189亿立方米；湖南的洞庭湖，贮水量7.7亿立方米；青海省的鄂陵湖，贮水量107亿立方米。

中国湖泊的水量大致有着自南向北、由东向西逐步递减的趋势。在比较湿润的东部平原，湖泊水量比较丰富，西北干旱地区的湖泊水量则较贫乏。位于较湿润气候区的湖南、湖北、江西、安徽、江苏及云南等省的湖泊面积虽然只占全国湖泊面积的1/3，但湖泊淡水贮量

蓝天白云在湖中的倒影

却接近全国湖泊淡水总贮量的一半左右。而位于蒙古、新疆干燥地区的湖泊，面积约占全国湖泊面积的1/8，但湖泊淡水贮量尚不及全国湖泊淡水总贮量的1%。

此外，根据统计分析，长江、淮河流域一带的湖泊，年补给水量为5000亿立方米～6000亿立方米；东北及内蒙古的镜泊湖、松花湖、呼伦湖的年补给水量为100亿立方米左右；新疆的博斯腾湖年补给水量为20亿立方米左右；青藏高原的扎陵湖和鄂陵湖年补给水量约为10亿立方米，班公错的年补给水量为8.4亿立方米，玛旁雍错的年补给水量约为4.7亿立方米。

在比较湿润的东部平原，以流域降水所形成的地表径流，是湖泊补给的主要来源，入湖河流的水量约占湖泊补给水量的90%以上；在干旱地区，降水少，蒸发量大，补给湖泊的水量除冰川或积雪融水所

湖岸鸟群掠影

形成的地表径流外，地下径流量也占有一定的比例。

湖面降水量占湖泊补给水量的比重，因湖泊所处的地区不同而有所差异。东部湿润地区的湖泊，湖面降水量一般占湖泊补给水量的5%以下，西北干旱地区的内陆湖泊，湖面降水量占湖泊补给水量的15%～40%。

流域地表径流量、地下径流量与湖面降水量，经过湖泊的调蓄后，不是排出湖外就是消耗于自然的蒸发或者被人们所利用。在外流湖泊中，湖泊水量的消耗，以出湖地表径流为主，约占总支出水量的90%以上，消耗于蒸发的水量，占总支出水量的10%以下；干旱的内陆地区，湖泊收入的水量几乎为蒸发所消耗。

中国地处东亚季风区，降水随时间的分配极不均匀，因而湖泊的水量不仅年际之间，就是年内各月的变化也是很大的。以融雪径流补给为主的博斯腾湖，其水量的年际变化较小，丰水年的水量是枯水年水量的2倍左右；鄱阳湖、洱海和镜泊湖的水量年际变化较大，丰水年水量是枯水年水量的4～5倍。在已有的资料中，位于湿润气候到半干燥气候过渡带的洪泽湖，其年际变化最大，丰水年的水量几乎是枯水年水量的20倍。湖泊水量年内各月的变化也是比较大的，鄱阳湖、洱海和洪泽湖，最大月径流量是最小月径流量的7～11倍。镜泊湖和乌伦古湖的变化更大，最大月径流量是最小月径流量的100～200倍。

兴凯湖（局部）

三、湖泊水资源的开发利用

　　湖泊水量是一项重要的自然资源。它不但是人们日常生活中不可缺少的生活资料，而且也是工农业生产所必需的重要资源，与国民经济建设和人民群众的生活休戚相关。湖泊水资源的作用主要表现在以下几个方面：

　　湖泊能蓄积水量，调节河川径流，因此河湖关系密切。河流补给湖泊，湖泊吞吐江河，发挥着巨大的调节效应。鄱阳湖、洞庭湖、太湖、洪泽湖及巢湖，是中国东部平原五大淡水湖泊，湖泊贮水量近528亿立方米，贮水量是长江干流年径流量的5%左右，是淮河年径流量的2倍。湖泊蓄积的水量是城市人民生活用水、农业灌溉用水和工业用水的重要水源。湖南省洞庭湖滨湖地区只占全省面积的1/17，因其水利条件好，土壤又肥沃，对全省贡献很大，是湖南粮、棉、水产的重要基地，多年来粮食产量占全省总产量的1/5，棉花产量占全

结成冰的湖水

省总产量的2/3，水产产量占全省总产量的一半。江苏洪泽湖自兴建三河闸、二河闸及高良涧闸等水利工程以来，淮河下游广大地区迅速改变了长期遭受洪涝威胁的局面。每年从洪泽湖经灌溉总渠输向里下河地区的灌溉水量达70亿立方米～140亿立方米，灌溉面积已扩大到1200公顷，其中自流灌溉的面积就有267公顷。由于农田获得了充足的灌溉水源，一些落后地区的面貌就得到了较为迅速的改观。云南滇池坝子是全省重要的粮食产地，这里80%以上的农田是依赖滇池湖水进行灌溉的，灌溉的面积近47公顷。

湖泊能调节径流、削减洪峰，调蓄性能是非常显著的。1954年是中国长江流域近百年来较大的一次洪水，该年6月17日进入鄱阳湖的最大流量为48580立方米/秒，经过鄱阳湖调蓄后，于6月20日自湖口泄入长江，最大泄水量仅为22400立方米/秒，

削减洪峰流量达26380立方米/秒，并将洪峰出现的时间延后了三天，既减轻了下游长江无为段大堤的防洪压力，又为人们抗洪抢险赢得了宝贵时间。

此外，湖泊对河川径流的调蓄作用也较为明显。汛期湖泊蓄积了一定的水量，抬高了湖泊水位，汛期一过，蓄积在湖泊内的水量，将从湖内缓缓泄出，增加河川径流。

湖泊能调节气候。生活在较大湖区的人们，都会感到那里的气候比较温暖，昼夜温差不大。为什么会出现这种情况呢？这是由于水的吸热能力特别强。在1个大气压力下，把1立方厘米纯水的温度提高

平静的湖面

1℃所需要的热量是1卡，同是1卡的热量，却可使3257立方厘米的空气温度升高1℃，这就是说湖水的热容量是空气的3200多倍。白天，湖泊和远离湖区的陆地在太阳的照射下，由于水的热容量大，太阳的辐射热被湖水储存起来，所以湖面上和附近陆地上的气温升高不多。晚上，湖水把储存的热量又慢慢地释放出来，使气温缓慢地下降，因此湖水对气温起着一定的调节作用。

水的"三态"转化，对气温的变化有着明显的影响。液态的水或固态的冰吸收周围的热量，蒸发变为气态水，风的紊动作用，加速了这一变化的进程，炎热的夏季由于湖水大量蒸发的结果，就会起着降低气温的作用；反之，当气温降至冰点以下，液态的水又会变成固体的冰，这一转换过程，要向四周放出热量。在严寒的季节，湖水由于结冰而放出的热量，使湖周围气温稍有升高。以安徽的巢湖为例，靠近巢湖的忠庙村月平均最高气温要比同纬度远离湖泊的含山县低1.6℃左右，月平均最低气温又比含山县高3℃左右。湖区湿度也有所提高，忠庙村相对湿度小于等于30%的天数，每年仅3天左右，而含山县则可达20天，忠庙村年平均霜日为35天，离巢湖稍远的几个县为45～60天，冰冻天数忠庙村亦比其他县少4～11天。湖区优越的气候条件，无疑能促进这里的农业生产更好地发展。

湖泊蕴藏了丰富的水力资源。分布在中国高原、山区的一些湖泊，不但具有丰富的水量资源，而且出口有较大的水位落差，因而蕴藏了较为丰富的水力资源。水力资源的蕴藏量可用以下公式表示：

$$N=AQH$$

式中：N表示水流的实际功率，单位千瓦；A表示出力系数；Q表示流量的大小，单位立方米/秒；H表示落差或水头差，单位米。

中国湖泊水力资源蕴藏量比较大的湖泊有松花湖、洱海、日月潭、镜泊湖、羊卓雍错及滇池等。新中国成立前，中国湖泊水力资源只有松花湖、镜泊湖、日月潭及滇池得到开发利用。云南的洱海调节库容在2亿立方米以上，湖水源自

湖上渡船

西洱河，流经峡谷之间，水流湍急，现正进行梯级水力开发，装机容量在20.5万千瓦以上，接近台湾日月潭和东北镜泊湖两座水电站装机容量的总和。洱海电站的建成，将为云南边疆的工农业建设，提供廉价的动力。我国还有一些平原湖泊，许多低水头小型水力发电站已相继建成，促进了当地工农业生产的发展。如江苏的洪泽湖，通过治理淮河，并先后建成高良涧、三河闸等小型水电站。洪湖还建成了新堤小型水电站。这些小型水电站的发电能力虽然不大，但它与灌溉、排洪相结合，做到了一水多用，且投资小、见效快，是湖泊综合利用的方向。随着中国社会

主义建设的深入，湖泊水电事业必将获得进一步的发展。

湖泊便于舟楫。在水、陆运输中，水运的费用最为低廉。发展湖上交通运输，对沟通城乡物资交流，促进生产发展，均能发挥巨大的作用。中国东部平原的湖泊，因与长江、淮河、大运河及海河等河流息息相通，水系纵横交错，湖泊与江河连成了四通八达的航运网，一些大的湖泊都是水上运输的枢纽。例如洞庭湖，北通长江，南联湘、资、沅、澧四水，形成一个水上运输网络。主要的水运干线有浩河至城陵矶，临资口至白沙，常德至茅草街，津市至茅草街，茅草街至鲇鱼口，长沙至岳阳、城陵矶等。鄱阳湖，上通赣、抚、饶、信、修各河，下连长江。湖中辟有南昌至波阳、余干，九江至湖口、星子、都昌、波阳等多条航线。对已建闸控制的湖泊，均相应建有船闸，以利湖泊航运。

湖泊是工农业生产和人民生

活用水的重要水源之一。工业生产离不开水，每吨工业产品的用水量，钢为30立方米～40立方米，纸为200立方米～300立方米，化纤为3000立方米～5000立方米。一个100万人口的城市，每天生活用水量就达几十万立方米。随着生产的不断发展，人民生活水平的日益提高，湖泊作为生产和生活用水的水源，需水量将会日益增加。现在不少火电站、化工厂和自来水厂等厂矿企业就是建立在湖滨，以湖水作为供水的水源。

中国的淡水湖泊就其总体评价而言，目前仍保持着矿化度低、硬度小、溶解氧丰富等良好的水质条件，最适宜作为供水的水源。长江中、下游平原地区的湖泊，矿化度变化在39毫克/升～250毫克/升之间，白洋淀为500毫克/升左右，滇池为200毫克/升～500毫克/升之间。但由于湖泊是一个换水缓慢的水体，如果含有汞、砷、酚、铬等有毒物质的工业废水不经过净化处理就直接排入湖内，那么必定会导致湖水的污染，危害生态环境，破坏湖泊资源，不利于湖泊的综合治理与利用。因此在利用湖泊水资源时，应保护湖泊的生态环境，防止湖泊的污染，这是关系到人民健康和社会主义建设的大事，不能等闲视之。

湖泊从形成到消亡这一漫长的演变过程中，由于所处地理环境的不同，其变迁的历史也很不一样。初生期的湖泊，周围自然界对其影响较小，湖盆基本上保留了它的原始形态，岸线欠发育，湖水清澈；湖水的有机质含量低，属贫营养型，湖里的生物种类不多，几乎没有大型水生植物分布。处于初生期的内陆湖或外流湖，多属淡水湖。当湖泊发展到壮年期，周围的环境因素参与了湖泊形态的改造，发育了入湖三角洲，湖盆淤浅，湖岸受到侵蚀等；加上入湖径流携入的盐量不断增加，湖泊由贫营养型演变成中营养型，内陆湖往往发育成咸水湖。老年期的湖泊，基本上已濒临衰亡阶段，此时湖水极浅，湖面缩小，湖水多属富营养型，大型水生植物满湖丛生，湖泊日渐消亡。外流湖常演变为沼泽地，内陆湖常演变为盐湖或干盐湖。

第三章

中国湖泊的成因与变迁

一、成因类型

中国湖泊的成因是多种多样的。由于地壳运动引起的地壳断陷、凹陷、沉陷所形成的构造盆地，经蓄水而成为湖泊，通常称为构造湖。构造湖在中国的分布很广，一些大中型湖泊多属于这一类型。由于火山喷发，喷火口积水成湖，称为火山口湖；因火山喷发的熔岩壅塞河床、抬高水位而成的湖泊，称为火山堰塞湖，此类湖泊在中国东北地区分布较多。

由于冰川的挖蚀作用和冰砾泥

蜿蜒交错的星湖风光

的堆积堵塞作用而形成的湖泊，称为冰川湖，主要分布在中国西南、西北冰川比较多的高海拔地区。由易溶性碳酸盐类岩层的溶蚀洼地积水而成的湖，叫喀斯特湖，在中国喀斯特地貌发育的西南地区比较常见。沙漠地区的沙丘受定向风吹蚀成的丘间洼地，被潜水汇聚成的风成湖，多以小型时令湖的形式出现，集中分布在中国沙漠或沙地地区。沿海平原洼地由于沿岸流所挟带的泥沙不断淤积，海湾被沙嘴封闭而形成的潟湖，多分布在中国沿海平原低地。此外亦有因河道的横向摆动而残留的河迹湖，或随河流天然堤而伴生的堤间湖等，这类湖泊大多分布在中国大江大河沿岸排水不良的低地。然而中国不少湖泊的成因具有混成的特点。例如长江中下游的五大淡水湖，其湖盆的形成与地质构造有关，但又与江河、海洋的作用有联系。这些湖泊还保留一定的面积，与新构造运动的活跃以及沿袭老构造运动的性质等分不开，否则，位于多沙性河流沿岸的湖泊早已变为历史的陈迹了。又如云南湖泊虽属构造类型，但碳酸

盐类地层的溶蚀对湖泊的形成和发育也起着明显的作用。

1. 构造湖

中国的构造湖，主要分布在下列地区：

云贵高原的湖泊，与地质构造的因素有关，除异龙湖和杞麓湖位于滇东"山"字形构造的弧顶，受东西向断裂控制，湖泊长轴作东西向延伸外，其余的湖泊大多受南北向断裂的影响，均呈南北向条带状分布。滇东的湖泊带，是由于地面断裂系统的强烈发育，形成了许多地堑式断陷盆地和断陷湖泊，如滇池、抚仙湖、阳宗海、杞麓湖和杨林湖等，都是在断陷盆地基础上发育成的构造湖。这些断陷湖泊都保留有明显的断层陡崖，附近常有

波光粼粼的太湖

涌泉或温泉出露，沿断层两侧的垂直差异运动至今未曾停息。在纵贯全区的大断裂系统上，曾发生过多次比较强烈的破坏性地震，新构造运动对湖盆的发育仍起着一定的影响。位于元江大断裂带附近的洱海、剑湖、茈碧湖等，新构造运动的迹象也颇为明显，两断层间——苍山与洱海仍有相对的升降，形成地形上的强烈切割。金沙江以北的程海，川滇界上的泸沽湖和川西的邛海，也都是地壳断陷而成的湖泊。

分布在柴达木盆地中的众多湖泊，大多位于构造盆地的最低洼处，这些湖泊都是第三纪柴达木古巨泊的构造残留湖。盆地东缘的青海湖原是向斜构造，后因东部发生断块上升而成为内陆湖泊。扎陵湖和鄂陵湖是因巴颜喀拉山褶皱隆起，并受到北北东、北西西和北东向几组断裂的影响而形成的构造湖。

西藏高原盆地众多，湖泊星罗棋布，那些近东西向、北西向和北东向的纵向谷地的谷底洼地，向有纵向延伸的湖泊带分布。湖泊长轴走向与构造线基本吻合，说明湖盆的形成受区域构造线的控制比较明显。这些湖盆的起源可追溯到第三纪。它们都是在第三纪喜马拉雅运动中由构造断陷作用所形成的。如色林错就是在早第三纪始新世晚期（大约在5400万年前）第一期喜马拉雅运动活跃时形成，并延续至今的残留湖泊，因此湖盆有巨厚的下第三系、上第三系和第四系的沉积。而其余的湖盆目前只发现上新统（大约在900万年前）的沉积，可能是在中新世中晚期（大约在2600万年到900万年前）的第二期喜马拉雅运动期间形成。此外，分布于滨湖的断层三角面，在一些湖泊中至今仍清晰可见。

内蒙古的呼伦池、岱海、黄旗海、安固里淖和查干诺尔均属于构造湖。新疆的赛里木湖、艾比湖、乌伦古湖和博斯腾湖等，也都是在断陷盆地基础上发育而成的内陆湖泊。

长江中下游所分布的洞庭湖、鄱阳湖和巢湖等，因位于大地构造单元的转折地带，所以受构造差异运动和新构造运动的影响显著，但湖盆轮廓不及山间断陷盆地的湖泊明显，它往往是断层构造截断山系而形成的湖泊，一般与南北向断裂构造活动的关系密切。

此外，位于山西地台南缘、渭河地堑东段的运城解池，它是由中条山北麓及峨眉台地南缘两条平行断裂形成的地堑式构造湖。中俄国境上的兴凯湖，也是在第三纪地壳陷落基础上形成的很大的一个淡水湖泊。

2. 火山口湖

在吉林省东南部中朝两国边境上，有一座风光绮丽的高大山体，矗立在广阔的熔岩高原上，这就是世界著名的长白山。长白山区是中国典型的火山地貌区域，在玄武岩高原与台地之上突起一座雄伟秀丽的休眠火山——长白山，在凹陷的火山锥顶部周围，环绕着16座高达2500米以上的山峰，其中形如盆状的火山口，已积水成湖，称为长白山天池。它是中国目前已知的第一深湖，是松花江支流二道白河的源头。湖水主要来自天然降水和湖周岩层的裂隙水，年水位常年无大变化，水温较低，湖水偏碱性。据历史记载，有史以来长白山火山口曾有过3次喷发（1597年、1668年、1702年），最终形成今日如此规模巨大而雄伟的同心圆状火山锥地貌景观。

火山口湖

第四纪火山喷发时，在长白山区还形成另外一些小型火山口湖，它们是长白山小天池和靖宇县龙岗火山群的6个小火山口湖。此外，在大兴安岭东麓鄂温克族自治旗境内哈尔新火山群的奥内诺尔火山顶上也有一个火山口湖。五大连池火山群中的南格拉球火山口，湖水较浅，已长满苔藓植物。台湾宜兰平原外的龟山岛上，龟的头部及尾部也各有一个火山口湖。云南腾冲打鹰山和山西大同昊天寺火山，山上原来都有火山口湖，后遭破坏而消失，唯腾冲大龙潭火山口尚积水成湖。

3.堰塞湖

中国堰塞湖主要有两类，一类是由火山喷发的熔岩流拦截河谷而形成的，如东北的镜泊湖、五大连池和内蒙古的达里诺尔等；另一类是由地震或冰川、泥石流引起的山崩滑坡物质堵塞河床而形成的，如藏东南的易贡错、然乌错和古乡错等。

火山堰塞湖在东北较为多见，而冰川或地震所形成的堰塞湖在西藏东南部较为常见。1900年藏东南波密县因地震影响而发生特大泥石流，截断了乍龙曲，形成一个海拔2150米、长17千米、平均宽1.3千米、最大水深25米、面积23平方千米的易贡错。八宿县200多年前在一条河流的右岸发生巨大山崩，堵截了河流的出口，从而形成海拔3850米、长29千米、平均宽0.8千米、面积为22平方千米的然乌错。波密县的古乡错是1953年由冰川泥石流堵塞而成的。

中国台湾省地震频繁，1941年12月在嘉义东北发生了一次强烈地震，引起山坡崩塌，浊水溪东流被堵，在海拔380米处的溪流中，形成了一道高100米的天然堤坝，使河流中断，10个月以后，聚集了上游的溪水，在天然堤以上形成一个面积为6.6平方千米、深160米的堰塞湖。该湖形成不久，因天然堤坝被冲开，湖泊随即消亡。

4.冰川湖

中国冰川湖多为山谷冰川所形成，湖泊位于较高的海拔处。

青藏高原上的冰川湖主要分布在念青唐古拉山和喜马拉雅山区，但多数是有出口的小湖，如藏南工布江达县的帕桑错，是扎拉弄巴和钟错弄巴两条古冰川汇合后挖蚀成

冰川湖

的槽谷，经冰川冰碛封闭而成为冰碛湖。它位于海拔3460米处，长13千米，宽2千米，深60米，面积达26平方千米。四川甘孜的新路海，系冰蚀挖深、冰碛物堵塞河谷出口而形成的冰川湖，平均深度10米，最深处15米。

　　新疆境内的阿尔泰山、昆仑山和天山，也有冰川湖分布，它们大多是冰期前的构造谷地，在冰期时受冰川强烈挖蚀，形成宽坦的槽谷。冰退时，槽谷受冰碛垄堵塞形成长形湖泊，如阿尔泰山的喀拉斯湖就属于这一类型。在冰斗上下串联或冰碛叠置地区，还发育有串珠状冰川湖。此外，现代冰川的冰面在衰退过程中，由于冰舌的后退或消融，使冰舌部分的冰面地形趋于复杂，常形成大小不等、深浅不一的冰面湖。

　　5. 喀斯特湖

　　典型的喀斯特湖是由于碳酸盐类地层经流水的长期溶解产生了洼地或漏斗，当这些洼地或漏斗中的落水洞被堵塞后，泉水流入其中而成为湖泊。这类湖泊没有一定的排列方向，形状或圆或椭圆，如由谷地积水所成的湖泊也可呈长形。喀斯特湖面积不大，水一般也不深。

中国喀斯特湖主要集中分布在喀斯特地貌发育良好的黔、桂、滇等省区。如贵州威宁的草海，原是个典型的喀斯特盆地，清咸丰七年（1857），因暴雨引起山洪暴发，洪水携带大量沙石堵塞了喀斯特盆地的落水洞，经潴水后才成为一个湖泊。该湖集水面积为190平方千米，年入湖水量0.9亿立方米，湖面积为29.8平方千米，水深近2米，贮水量为0.3亿立方米左右。1973年它被凿开水洞，排干湖水，垦为农田，现已退田还湖。云南中甸的纳帕海，两岸断崖有3个水平溶洞，水位高时成为湖水的排泄水道；湖底还有许多裂隙和落水洞，每当湖水涨时，湖面常出现一些漏斗状旋涡。滇东的一些构造湖，湖底与湖周的碳酸盐类地层的喀斯特现象也有较大的发育，湖滨有较多的喀斯特泉和暗河出露，有的湖泊系以喀斯特泉的补给为主。如阳宗海东岸的黄水洞、秦已洞，滇池西岸的蝙蝠洞，均有暗河补给湖泊，喀斯特地貌的发育对这类构造湖的演变也起着一定的作用。

6. 风成湖

中国沙漠地区有成百上千个被称作"明珠"的大小湖泊，它们中有淡水湖，也有咸水湖或盐湖。如毛乌素沙地分布有众多的湖泊，大小计170余个，其中大部分是苏打湖和氯化物湖，但也有淡水湖分布。腾格里沙漠内部分布了众多面积很小的季节性的草湖，其中由泉水补给的湖泊水质较好。乌兰布和沙漠西部为一古湖积平原，分布有盐湖，其中吉兰泰盐池是中国开采已久的著名盐湖之一。塔克拉玛干沙漠的东北，靠近塔里木河下游的一些丘间洼地，也有风成湖分布。分布在科尔沁沙地、浑善达克沙地、呼伦贝尔沙地的一些湖泊，仅湖盆中央稍有积水，周围是沼泽，水质较好，矿化度

沙漠中的小湖泊

在1克／升～3克／升之间，湖周是天然牧场。只有少许湖泊因基底岩层隔水，水质较差，矿化度达10克／升～20克／升而未予利用。

至于沙漠中湖泊的成因，部分是风蚀洼地底部低于潜水面而形成的，部分是残留的古湖泊，也受风蚀的影响。这些湖泊的滨湖地区，由于牧草茂密，大多成为优良的天然牧场，是沙区少数民族劳动生息的地方。

7．河成湖

河成湖的形成与河流的演变有密切关系。一种是由于河流泥沙在泛滥平原上堆积不均匀，造成天然堤之间的洼地积水而成的湖泊，如江汉平原湖群和河北洼淀湖泊，多属于这一类型；另一种是支流水系受阻，泥沙在支流河口淤塞，使河水不能排入干流而壅水成湖，如19世纪30至40年代的淮河南因霍邱县附近受堵而形成城东、城西两湖；还有一种是河流横向摆动，在被废弃的古河道上积水而成的湖泊，如长江的黄古—九江—安庆—大通段沿江两岸的湖泊，以及东北地区嫩江、海拉尔河、乌尔逊河等沿岸星罗棋布的咸泡子，大多属于此类成因。

在黄河干流以南至徐州间的运

湖泊秋色

河线上，有一连串近南北向的狭长湖泊，这些湖泊沿鲁南山区西侧断层而分布，是公元1194年黄河南徙后，泗水下游被壅塞，水流宣泄不畅，潴水而成的一系列湖泊，如南四湖和洪泽湖等。

8．海成湖

中国的海成湖分布于滨海冲积平原地区，它是冲积平原与海湾沙洲封闭沿岸海湾所形成的湖泊，台湾省西南岸的高雄港就是一个典型的海成潟湖，湖岸曲折而海岸平直，湖泊长轴沿海岸线方向延伸。这类湖泊在广东、山东、河北等沿海均有分布，但规模较小。然而中国最主要的海成湖，还是在海湾和河流共同作用下所形成的古潟湖。太湖就是这样形成的。此外，风景如画的杭州西湖，在数千年前还是与钱塘江相通的一个浅海海湾，以后由于海潮与河流所夹带的泥沙不断在海湾口附近沉积，使湾内海水与大海逐渐分离，而接纳地表、地下径流，逐渐淡化，方形成今日的西湖。

二、影响湖泊演变的因素

自然界的任何事物，都有其产生、发展和消亡的过程，湖泊亦不例外。湖泊形成之后，在汇集流域来水的同时，也汇纳了一定数量的泥沙。天长日久，大量泥沙沉积于湖底，使原来湖岸陡峭、烟波浩瀚的大湖逐渐向小型化演变，岸坡渐趋平缓，洲滩逐渐发育，水域不断缩小，湖盆日渐浅平，为各种大型水生植物的生长创造了条件。大型水生植物由沿岸向湖心迅速蔓延，不仅加速了泥沙的淤积，而且水生植物和其他生物残体的不断堆积，使湖泊向沼泽化发展，走向自我消亡阶段。而分布在中国广大内陆地区的湖泊，其演变过程则有所不同。内陆湖区为典型的大陆性气候，干旱少雨，蒸发强烈，时有劲风。因此，风沙成为湖泊演变过程中不可忽视的重要物质来源。再者，内陆湖泊不仅是流域内的聚水盆，也是流域内的聚盐盆，有大量盐分随径流汇入湖中。由于盐分不断积累，湖泊就会由淡水湖逐渐演变为咸水湖，进而演变为盐湖。湖泊终因大量盐类年复一年地沉积而趋向消亡。

以上所述仅是中国湖泊演变的

梗概。在湖泊演变过程中，由于气候的变化和新构造运动的影响，都会引起湖泊水量平衡诸要素以及湖盆形态的变化，直接或间接地导致湖泊消长。所以，湖泊的演变是要经历相当复杂和漫长的过程。人类大规模的经济活动，如筑堤建闸、围垦种植、渔业捕捞、罱泥积肥和开采盐类资源等，对湖泊的演变都会产生巨大的影响，加速或延缓湖泊的消亡过程。

影响湖泊演变的主要因素有：

1. 泥沙影响

入湖泥沙量的多少直接影响到湖泊寿命的长短。位于中国东部平原上的湖泊，一般都与大江大河相通，湖泊为泥沙提供了良好的沉积环境。如黄、淮海流域在历史上原是湖泊洼淀星罗棋布之地，它们的逐渐消亡与含沙量高的河流的发育是分不开的。海河流域由于支流众多，下游河床受泥沙淤积而不断抬高，尾闾又排水不畅，因此，湖盆泥沙淤积十分严重。加上黄河在公元10世纪以前，流经现在的海河河床并多次改道，影响了湖泊的寿命，如文安洼、安晋泊等湖泊均由于这一原因而成为历史陈迹。黄河自1194年开始南徙以后，泗、淮二水被黄河所夺，泗、淮地区的湖泊

消亡的湖泊

淤积更盛，历史上的水泊梁山——东平湖和苏北射阳湖的消亡以及洪泽湖大淤滩的形成，均是黄河泛滥所直接引起的。

江汉平原湖群原是古云梦泽的一部分，是古云梦泽淤积消亡过程中因泥沙堆积的局部差异而造成的洼地积水。古云梦泽演变到泛滥平原阶段，已经是其消亡和江汉平原形成的前夕。古云梦泽虽已被长江、汉水等携带泥沙停积而分化、消亡，但江汉平原上还是大湖连片，河湖不分，到处湖水茫茫一片，只是后来由于长江、汉水及其大小支流携入泥沙的进一步堆积，才使湖泊分离，缩小成众多的湖泊水荡，有的则被淤积而消亡。

2.气候影响

气候趋向干旱，易使湖水蒸发、湖面缩小乃至消亡，或由外流湖演变成内陆湖；气候趋向湿润，入湖水量增加，湖面扩大，湖水也日渐淡化。由于气候因素在一个湖区的变化是波动式的，在湖泊地貌形态上往往会留下一些有力的证据。

位于中国青藏高原和蒙新高原的大多数湖泊，由于气候干旱、蒸发量大于补给量，使湖面普遍发生退缩，湖水亦不断浓缩，而向咸水湖或盐湖方向过渡，这些特点在湖泊地貌上的反映也是多方面的。例如，西藏高原一些内陆湖的古湖岸线一般可达一二十级，若从最高一级古岸线来恢复古代湖泊的面积，据推算，比现在的湖泊面积要大10倍以上，多道古岸线的产生，与区域气候的变迁以及高原新构造隆起有一定的关系，但每个湖泊具体的演变历史并不完全一致。在干旱地

干涸的湖泊

区,有些湖泊受气候影响,会引起入湖河道的断流和湖水位的下降,使原本完整的湖泊被分解成若干彼此相连或不相连的湖泊。如著名的居延海,因额齐纳河补给水量的减少,引起湖泊退缩,被分成嘎顺诺尔和苏古诺尔两个湖泊。又如西藏的色林错及其附近的班戈错、吴如错、格仁错等以及柴达木盆地中的众多湖泊,历史上均是色林错古巨泊和柴达木古巨泊的完整湖体。

3．人为影响

湖泊围垦对湖泊演变的影响,是人类经济活动所造成的。据长江中下游湖南、湖北、江西、安徽、江苏五省湖泊资料的统计,新中国成立初期原有湖泊面积达28859平方千米,而目前湖泊面积仅为20134平方千米,消亡了8700多平方千米,这不仅仅是自然消亡,大部分原因是人们盲目围垦所致,三四十年的时间对湖泊演变历史来说仅是很短暂的一瞬间,自然消亡的因素影响很小。如素有"千湖之省"的湖北,现有湖泊面积不足新中国成立初期的1/3,30余年共围垦湖泊面积近6000平方千米。被誉为"水乡泽国"的江苏,自1957年以来,因围湖造田所削减的湖泊面积达700多平方千米。著名的鄱阳湖和洞庭湖,新中国成立以来围垦的面积均在1500平方千米以上。云南是中国南方淡水湖泊分布集中的一个省份,前些年也因围湖造田成风,使一些淡水湖受损。华北平原上的一些洼淀湖泊,也由于明末清初的大规模筑堤围垦,到清光绪七年(1881)洼淀湖泊面积只剩下清朝初期的1/10,结果使大多数湖洼趋于消亡。

此外,新构造运动也影响到湖泊的沧桑变迁。如随着青藏高原的不断隆起,一些外流湖逐渐变为内陆湖。羊卓雍错在古代曾是个巨大的高原外流湖,湖水通过墨曲汇入雅鲁藏布江;班公错西部原与印度河支流约克河相通,历史上也曾经是外流湖。随着高原隆起,湖水被袭夺流失,形成干涸的古湖盆。如藏东的下秋卡盆地、孔马盆地、那曲盆地,藏南的吉隆盆地、定日盆地、夏雄盆地,青海的共和盆地以及云南的曲靖坝、蒙自坝、保山坝等,都是历史上的古湖泊。

第四章 北京市的湖泊

昆明湖

去北京的人们，多数都要到颐和园去看看，因为它不仅是典雅美丽的古典园林，还是清朝几代皇帝的行宫。那里山清水秀，林木葱郁，亭台楼阁，雕梁画栋，是镶嵌在北京西北郊的一颗璀璨明珠。

美丽的颐和园由一山一水所组成，一山是指万寿山，一水便是昆明湖了。澄清碧蓝的湖水，温柔地躺在万寿山的怀抱里，石舫和长堤倒映在水面，十七孔桥像一条银链系在湖的两岸。

游人泛舟湖上，明波清影，多彩多姿。远望，玉泉山塔影朦胧，西山峰峦叠翠，好一幅意境幽美的图画。入夜，月儿初上柳梢，风清月白，景色更是怡人。难怪颐和园被人称作北京皇家园林之最。

当人们泛舟于颐和园水上的时候，常常会生出疑问，为什么将这片水域叫昆明湖？它与云南省的昆明市有什么联系？与汉武帝开凿的西安昆明池又有什么关联？

其实，北京昆明湖与云南昆明市和西安昆明池在名称的由来上都有关系。

早在2000多年前，汉武帝派使臣从南路经昆明去印度，使臣在滇池附近被昆明部落的人们所阻截，出使失败了。汉武帝闻听此事后大怒，准备以武力击破昆明部落的封锁，打开出使印度的通道。他得知昆明部落的人多居于滇池水中，习水性并擅长水战。于是，下令在西安上林苑一片洼地中，开凿了一片周长20千米的水域，用以操练水军。

为了表示征战昆明的决心，并

颐和园昆明湖

让将士们牢牢记住自己的敌人，将水池取名"昆明池"。

在200多年前的清朝乾隆年间，四川金川河（在大渡河上游）流域出现战事。为了能够战胜熟悉水性的叛乱部队，必须有一个操练水军的地方。后来，乾隆选中了颐和园这个有山有水的地方。颐和园中的万寿山那时叫瓮山，瓮山西部群山中的山泉不断向山脚下低洼的地方汇集，形成了一片宽广的大湖，叫瓮山泊。

乾隆不但看中了这里，把它作为演兵场，而且还仿效当年汉武帝，将瓮山泊改名为"昆明湖"。他下令将昆明湖扩充再建，并在湖中设置了数十艘战船，命将士日夜操练，为最后平定金川叛乱创造了条件。昆明湖从此成为皇家演兵场，后来又逐渐变为皇家园林。

第五章 河北省的湖泊

◎ ◎ ◎ ◎ ◎ ◎ ◎ ◎ ◎ ◎

白洋淀

白洋淀位于华北平原，形成年代已十分久远了。它是华北平原上最大的一个天然淀泊。整个白洋淀由大小143个淀泊组成，其中千亩（约66.7公顷）以上的有21个，千亩以下百亩（约6.7公顷）以上的有68个，百亩以下的有44个，这当中最大的是白洋淀，面积336平方千米，所以用它的名字给整个淀泊冠名。

按照湖泊与河水之间的径流关系，白洋淀属于吞吐湖，即上游的河水流入白洋淀，下游的河流再把水排泄出去，历史上称白洋淀为九河下梢，就是因为它的上游有潴龙河、唐河、瀑河等9条河流汇水于

白洋淀风景旅游区

白洋淀，而下游泄水却只有大清河一条河流。这在世界上众多的湖泊中也是不多见的。

白洋淀是华北大平原上的一个聚宝盆。湖中水质清新，酸碱度适中，不仅是鱼虾繁殖生长的良好场所，更适合于发展芦苇、莲藕、菱角等多种水生植物。由于湖中各种天然饵料十分丰富，还是野禽和家禽放养的良好场所。据调查，白洋淀里有鱼类52种，几乎我国的淡水常见鱼在淀区都有。这里的大青虾个大肉肥，是京津筵席上的佳肴，鼋鱼、松花鱼还用于出口换取外汇。

白洋淀的芦苇生长得特别好，用苇子加工的产品，远近闻名。听当地人讲，白洋淀的妇女个个会织席。一个手快的女人，每天能织4张大席。苇业是白洋淀经济中的一个支柱，芦苇不但能编席，还可以打箔（造纸）。白洋淀的人民世世代代生活在这片富饶而美丽的水乡湖畔，过着安居乐业的田园生活。

但进入20世纪80年代之后，他们却经历了一场巨大的变化。

自80年代以来，由于上游河流大量建库蓄水，以及气候干旱等诸多原因，白洋淀无法得到足够的水量补充，自1984年开始，白洋淀便开始干枯。昔日那波光粼粼的湖

白洋淀人与水的和谐

白洋淀荷花

面，被黄沙飞扬的荒滩所代替，舟楫穿梭的航道成了汽车、拖拉机的坦途，苇田里已不见了昔日的芦荡，大小船只像干鱼似的躺在旧日的堤坝上，一切都显得那般凋零和无奈。白洋淀的生命在干渴中呻吟。

1988年夏天，按照中国的农历推算，应该是龙年。阴云携着电闪雷鸣，笼罩在白洋淀水系的太行山脉和华北平原大地上。这一年的8月，连续几场的倾盆大雨，推动着滚滚山洪从太行山的沟壑中咆哮而下，几天几夜之后，300多平方千米干枯的土地顿时成了一片汪洋，蓄水达5.4亿立方米，水位达9米。

尽管40万白洋淀人5年内在朝天的淀底上建起的家园被毁于一旦，人们仍然以喜悦的心情透过湖中的碧水看到了未来。因为白洋淀的水毕竟养育了这里的儿女，他们对水怀有深沉而执着的爱。那水中，饱含着他们的期待；那水中，盛装着他们对未来美好生活的希望和憧憬。人们从内心深处发出呼喊："白洋淀，愿你永远年轻！"

第六章 内蒙古自治区的湖泊
◉ ■ ◉ ■ ◉ ■ ◉ ■ ◉ ■ ◉ ■ ◉

一、棋格淖尔湖

在我国内蒙古自治区西部的巴彦淖尔市与阿拉善市交界的地方，有一片荒凉的戈壁滩。那里岩石裸露、砾石遍地，比沙漠还要荒凉。在广袤的大戈壁滩上，有一个巨大的凹地，方圆数千米，像洗衣盆一样低于周围的滩地。乍看起来，它和别处没什么两样，可是，当你到近处低身俯视的时候，便会惊奇地发现，在这个巨大的洼地里，到处都是玛瑙和碧玉，流光溢彩，美不胜收。大者如鸡蛋，小者像豆粒，有白色、淡黄色、橘黄色、红色、天蓝色、深蓝色等，真是一个盛满了宝石的"聚宝盆"。

那么，这些五光十色的宝石是从哪里来的呢？当地流传着这样一个故事：原来，这里曾经是一个碧水清波的大湖，名叫棋格淖尔，由于地处这人迹罕至的荒凉戈壁上，湖水十分清净，而且湖中没有一点污泥。天上的几个仙女待得寂寞，便相约前来湖中洗浴。她们在湖中尽情地玩耍嬉闹，十分高兴，不知不觉时间已经过去了很久，早已把返回天宫的事忘得一干二净。天宫的值日官发现少了几个仙女，而且迟迟不归，一怒之下把天鼓擂得震天响，急召天女回宫。仙女们一听天鼓隆隆，方才清醒过来，想起早该回去了。匆忙中她们来不及梳妆打扮，穿上衣服便急急飞回天上，把头上、身上、手上所戴的珠宝首饰全部丢在了湖里。后来，由于连年干旱，湖水干涸，这些玛瑙和碧玉就露了出来。

当然，这不过是一个美好的传说。其实，这些宝石来自大自然的馈赠。

戈壁滩上的基岩，是广泛分布的玄武岩，它们来源于大约1亿年前的火山喷发。在岩浆运移和冷凝过程中，里面所含的大量气体不断逸散出去，使岩石中留下大量气孔和空洞。当岩浆喷发停止后，火山后期十分活跃的地下热水携带着大量二氧化硅填充在玄武岩空洞中，形成了玛瑙和碧玉。后来，长期的风吹日晒，冰冻酷暑，使玄武岩风化破碎，坚硬的玛瑙和碧玉便散落在地表。一次次的沙漠强风和

映天的湖水

一场场的暴雨冲刷，不但使它们变得形状奇特、外表光滑，而且都随着水流聚集在湖区，每平方米多者可见四五百颗，真称得上是百宝争艳了。

二、呼伦湖

呼伦湖又名达赉湖，位于中国的东北边陲，内蒙古自治区呼伦贝尔市的新巴尔虎左旗、新巴尔虎右旗和满洲里市之间的大草原上。湖面为略呈东北—西南向的平行四边形，长80千米，宽约35千米，周长375千米，湖水面积为2339平方千米，蓄水量为111亿立方米，最大水深处为8米，是内蒙古自治区最大的微咸水湖，它与草原南部、中蒙国境线上的贝尔湖，被人们称为呼伦贝尔大草原上的一对姐妹湖。

呼伦湖位于温带半干旱地区，东部有大兴安岭阻挡了从海洋吹来的潮湿气流，西部又邻近蒙古高原，大陆性气候明显。年平均气温仅0℃左右，气温年较差高达40℃～45℃。湖泊于10月中、下旬即可出现岸冰，到11月初全湖开始封冻，次年4月中旬到5月上

句方解冻，封冻期最大冰厚为1.3米。月平均水温以7月份最高，为20℃～23℃。年降水量230毫米～350毫米，多集中在7～9月。蒸发量为1400毫米～1800毫米。注入湖泊的河流主要有两条，即自西南流入的克鲁伦河和从东面注入的乌尔逊河，这两条河流水量变化较大，汛期洪水滔滔，而10月至次年的4月水枯冰冻，入湖水量不多。位于北部的穆得那亚河是此湖的唯一出口，湖水经此河汇入海拉尔河后再入额尔古纳河，是黑龙江源流之一。后因建设扎赉诺尔煤矿，1958年始将穆得那亚河堵截，切断了湖水的外流通道。1971年又重新开挖了一条与海拉尔河相通的新开河，湖泊方有出口。在出口处建有闸门，这样呼伦湖就成了一个人工控制的湖泊。

据史料记载，呼伦湖的面积在唐代时最大，唐书称为俱伦泊，元《秘史》称它为阔连海子，清《一统志》则改称库楞湖。由于受气候变迁的影响，湖面有过多次升降，总的变化乃是水位上涨的年份多于下降的年份，水面有扩大的趋

呼伦湖

势。如1906年呼伦湖长约30千米，1926年增至75千米，1929年开始收缩变小，1939年又扩大。据调查，从1906～1972年的65年中，有37年水位上涨，13年水位平稳，15年水位下降。具体地说1939～1956年的18年中，水位共上涨3.05米，平均每年上涨0.169米；1956～1962年的7年中，水位共上涨3.45米，平均每年上涨0.51米，湖泊的面积与蓄水量也有了相应的变化。自1966～1972年的7年中，水位仅下降0.15米，平均每年下降0.021米。湖泊水位增减的主要原因是降水量的变化，引起了入湖地表及地下径流量的增减。如1962年以前年降水量较多，每年都在300毫米～400毫米以上，1992年降水

量却只有224.6毫米，而蒸发量为1756毫米，为降水量的7.8倍。

呼伦湖水域辽阔，鱼类资源丰富，鱼的年产量900万千克左右。如乌尔逊河中游的乌兰泡，水生植物极为丰富，成为鲤鱼、鲫鱼的主要产卵场所。湖水营养盐类含量较高，水质肥沃，适宜浮游生物的繁殖。每当夏季，湖中鱼类溯河而上觅食和产卵，冬季又洄游到大湖深处越冬。湖中共有鱼类30余种，其中以鲤鱼最多，近年还从江、浙等地引进鲢鱼、鳙鱼、草鱼在湖内放养。湖泊封冻季节，正是冰下捕鱼的旺季，一网常可捕鲜鱼数吨。因此，当地有"吃鱼不用愁，只要鞭子抽"的说法。话虽然夸张，但也说明这里的鱼确实很多。

三、岱海

岱海位于内蒙古自治区乌兰察布市凉城县境内，为四面环山的地堑型构造湖。湖偏于盆地的东南端，东西长约25千米，南北宽约20千米，面积为165平方千米；最大水深为18米，蓄水量为13.3亿立方米。湖水矿化度在2.5克/升左右，

为内陆咸水湖。

岱海流域面积2084.4平方千米，其中山地占68%，平原占24%，湖面占8%。入湖大小河流计21条，多系间歇性河流。汛期水大流急，大量泥沙入湖形成了河口三角洲；枯季基本断流。其中流量较大，经常有水入湖的河流有弓坝河、五号河、目花河、天成河、步量河、沙袋河、园子河和百窑河等。这些河流的入湖水量约占总入湖水量的50%以上。岱海水位年内变化不大，年变幅常在1米以内。近年来，由于兴修农田水利，在河的上游建坝拦洪，注入岱海的水量日益减少。

岱海地区年平均降水量为400毫米左右，雨量集中，多以暴雨形式出现。每年6～9月的降水量约占全年的75%，但其蒸发量很大，年平均在1200毫米左右，每年3～10月的蒸发量约占全年的90%。由于岱海是个没有出口的闭流湖，水量的唯一损耗是湖面蒸发。湖水初冰期一般出现于每年的10月底，11月湖面开始封冻，冰厚一般可达50厘米～60厘米，翌年4月气候回暖，

冰始消融。

昔日的岱海面积较小，湖水含盐量亦高，是熬盐沥碱的地方，自20世纪30至60年代以来，由于气候回暖而引起降水量的增加，使水位上涨，湖面扩大，湖水稍趋淡化。湖泊面积从70平方千米扩大到165平方千米。

岱海形成虽久，但湖内没有经济鱼类生长繁殖。直到1954年才在湖内放养草鱼、鲢鱼、鲤鱼、鲫鱼等鱼类。因湖水营养盐类含量低，浮游生物的种类和数量贫乏，所以，放养的鱼类生长缓慢，鱼产量也很低。

美丽的岱海

第七章 吉林省的湖泊

◎ ◎ ◎ ◎ ◎ ◎ ◎ ◎

一、长白山天池

长白山天池位于长白山主峰之巅。天池原名叫图们泊，又名龙潭，是中国和朝鲜两国的界湖，也是我国最大的火山口湖。天池的平面轮廓呈椭圆形，南北长4850米，东西宽约3350米，水面面积10平方千米，湖水最大深度为373米，平均水深204米，总蓄水量为20.4亿立方米。天池湖面海拔高度为2150米。在以上数据中，天池的深度和海拔高度，均居全国火山湖泊之最，无愧于"天池"这个美称。

关于天池的来历，民间流传着许许多多的神话故事和美丽动人的传说。有的说，天池是天上的瑶池落在了人间，因此它才高悬天际。也有的说，它是天上的一颗宝珠落在了长白山上，所以它才那样妩媚动人。而流传最广的传说是，天池是天上玉镜变成的：相传王母娘娘有两个非常漂亮的女儿，姐妹俩长得十分相像，因而从来没人能够判别姐妹俩究竟谁更美丽。在一次蟠桃盛会上，太白金星李长庚老头送给王母娘娘一面神奇的玉镜，并说这面镜子可以判别出姐妹俩哪

长白山天池

一个更美丽，结果玉镜里照出妹妹比姐姐美。姐姐一怒之下，竟将宝镜扔下瑶池。宝镜落在长白山上变成了美丽的天池。

传说毕竟是传说，事实上天池的形成完全是火山作用的结果。长白山是我国东北部海拔最高，规模最大的火山，在地质历史时期中曾有过多次爆发。自16世纪以来，就先后3次喷发。大量的火山物质从火山口喷出，堆积在火山口周围，同时由于火山体内喷出了大量物质，在停止喷发后，内部空虚，压力减小，发生塌陷，造成巨大的火山口。经过地表水、地下水的汇集，最终形成了天池这个我国最大的火山口湖。

长白山天池像一面明镜孤悬天际，池水盈盈，波光潋滟，周围16座山峰像卫士一样守卫在它的身边。在天池北侧的天文峰与龙门峰之间，有一个宽为5米的缺口，名为闼门，天池水从这里外泄，向北经过1250米长的乘槎河，然后一头跌下悬崖，形成珠顷玉坠、似虹如霞的长白瀑布，构成了图们江、松花江、鸭绿江三江之源。然而，在天池上却找不到湖水入口。那么这日夜流淌、终年不断的湖水从何而来呢？这不能不使人们倍感其神秘。

在人类还不能科学地解释某些自然现象的时候，人们常常借助于神话。很久以来，人们传说天池中潜伏着龙，因此称天池为龙潭，把天池水奉为圣水，长流不息的龙潭圣水便是池中住着的龙吐出来的。

随着科学的发展，水文工作者揭开了天池水的来源之谜。

长白山地区是我国东北降水量最丰沛的地区，尤其是在主峰天

天然湖泊——天池

池附近，由于西伯利亚季风和来自日本、朝鲜的海洋性气流在这里相遇，降雨量比周围地区都要大，成为多雨中心。据天池气象站资料统计，天池年平均降水量1470.6毫米，给天池补充了大量的水。另外，在天池周围及天池底部，已发现有多处泉水溢入湖中。这些水源，每年给天池补充的总水量大约有2200万立方米，维持了天池水的基本平衡。

天池湖水，至清至纯，游人来到这里，除了饱览湖光山色外，都要在水中寻找游动的鱼儿，但是所有的人都一无所获，因为天池水中无鱼。这正应了那句古训："水至清则无鱼。"对此，生物学家们早就做出了解释。天池无鱼，主要原因有二：一是天池水温太低，夏季也只有8℃～10℃，在如此低温的环境中，鱼类难以生存；其二是天池附近气候严寒，植物贫乏，以致湖中有机质和微生物极少，鱼类缺乏供生存的食物保证。近年来，偶有在天池中发现鱼类的新闻见诸报端，但均是只见其文，未见其物。如果真的发现了耐低温的鱼类，倒是一件令人高兴的事情。要知道，

长白山明珠——天池

南极某些鱼类在冰点的温度下还能存活哩。

长白山天池"藏天然之奥秘，蕴万古之灵奇"，关于"天池怪兽"的传说和报道，就是一个极为引人注目的自然之谜。多年来，很多人声称在天池发现了奇特的"怪兽"，甚至在世界各国也引起了强烈反响。有人说"怪兽"像牛，有人说像狗，也有人说像史前恐龙。然而，迄今为止，还没有人抓到它，甚至没有拍到一张清晰的照片。但无论如何，人们期待着有一天能发现它的真相。

1．长白山上的小天池

长白山名扬天下，而长白山上除天池之外的湖泊却鲜为人知。在这海拔2000多米的高山上，大小湖泊星罗棋布，像一颗颗晶莹闪亮的星，又好似山上高悬的明镜，将长白山装点得更加美丽动人。

在长白山万木葱茏的林海中，有一个小巧的湖泊掩映在绿树之下，这就是长白山上的小天池。

在小天池西侧不远处，有一个与小天池形同姐妹的湖泊，形状与小天池相似，只是颜色黄里透红，与小天池形成对照。二湖一东一

小天池

西，一绿一黄，相映成趣。登高鸟瞰二湖，犹如一对银环镶嵌在绿树丛中，所以有银环湖之称，也有人称之为对环湖。

奇异秀丽、景色宜人的对环湖还有着一段美丽的传说：在很久以前，天宫中王母娘娘的女儿一时生气，将太白金星李长庚送给她的玉镜抛落人间，玉镜碰在长白山的玉柱峰上，碎成三块。大块地落在玉柱峰下成了天池，而碰碎的两块小镜片却一反一正落在长白山上。正着的镜片变成碧绿晶莹的小天池，而反着的镜片则变成了赤黄色的伴湖。

小天池湖水静谧安详，清风徐来，水波不兴。极目望去，湖面明亮如镜。传说仙女们在天池沐浴后对着它梳妆打扮，所以人们又称小天池为长白镜湖。

小天池周长260米，呈圆形，集水面积5380平方米，水深10余米，它的规模虽比不上天池宽阔和壮观，但是其迷人的景色却常常使游人赏心悦目、流连忘返。圆形的湖面上，盈盈的湖水好似少女早晨梳妆打扮的镜子。蔚蓝色的天空

中，朵朵白云，与岸边的绿树交织着倒映在水中，看上去胜似一幅精美的水彩画。

小天池虽然不大，水也不太深，却终年不枯。原来，在小天池北侧山麓中有十多处山泉，终年流水不断。甘洌的泉水像母亲的乳汁一样，养育着梦幻般的小天池。

那么，小天池是怎样形成的呢！一种说法是，在距今几十万年前，长白山区分布着许多冰川，小天池的湖盆是在冰川的挖掘作用下形成的。另一种说法是，当年长白山火山爆发时，小天池这里是两个次级火山口，规模较小，火山活动停止后，火山口积水成湖，形成了小天池。

2．神奇的圆池

在长白山上，最为传奇的湖泊要算是圆池了。圆池因传说天女曾在湖中沐浴，又称天女浴躬池。它位于天池东约30千米的赤峰山西北侧。湖面呈圆形，直径180米，水面海拔1270米。据有关史书记载：天女浴躬池因为长白山中第一名池，故名"元池"，因池深而圆，形如荷盖，又称"圆池"。

圆池是长白山上的一颗明珠，人们称它是天池的姐妹湖，整个湖区清纯洁净、碧水充盈。环湖岸边松林苍郁。在林间空地上，如茵的绿草丛中盛开着朵朵小花，红的、粉的、白的，一点点，一簇簇，与淡蓝色的湖水相互辉映。

相传，每年三月初三，如果一大早起来就到池边，会看到歌台舞榭浮于池上，管弦齐奏，俨然可闻"阳春白雪"等古调歌声。然而并不见弹奏仕女，也不见舞女翩翩，只有云雾缭绕，余音在水面荡漾，约半个时辰后，复归于寂静。故而有人称圆池为"仙湖"。

长白山是满族的发祥地，传说满族人的先祖就诞生在天女浴躬池。传说天宫中有三个仙女，大姐叫恩古伦，二姐叫正古伦，小妹叫佛古伦。一天，姐妹三人下凡到人间玩耍。她们来到长白山上，发现圆池湖水晶莹，山清水秀，非常高兴。于是纷纷跃入湖中，在水里尽情嬉戏游玩。此时，远处飞来一只神鹊，口衔一颗朱果，在天空中上下翻飞不肯离去。等三姐妹沐浴完毕，上岸穿衣，那神鹊径直从空中降下，落在小妹佛古伦的衣服上，放下口中朱果，鸣叫着飞向远方。佛古伦拿起闪闪发光的朱果爱不释手，不忍放下，将其放入口中，正待穿衣之时，朱果竟从口中直入腹内。少顷，就觉得腹中一动，三妹佛古伦已身怀六甲，不几日后生下一个男孩。这男孩相貌异常，一降生便会说话。佛古伦给他取姓为爱新觉罗，名叫布库里雍顺，然后留下一只小船便飘然而去了。布库里雍顺按照母亲的指点，沿江而下，来到长白山下的一个地方，在那里以柳枝野蒿做屋而居。那里的三个部落正在为国王之位而争斗，而布库里雍顺平定了三姓之争，被众人推举为国王。据说，大清皇帝就是布库里雍顺的后代。

这是满族民间流传的一个美好故事。事实上，满族人对长白山也是十分景仰的。清光绪三十四年（1908），钦差大臣徐世昌在长白山上看到了圆池，万分激动，在圆池边立石碑一块，上书"天女浴躬处"，足见他对先祖的一片挚诚之心。

如果说圆池的神话传说会让人

引发无尽的遐想，那么近代发生在圆池的真实故事就更会使人产生无限的感慨。

那是在抗日战争时期，一位叫玉莲的姑娘与父亲相依为命，居住在圆池湖畔，父女二人以狩猎为生。在艰苦的岁月中，玉莲从父亲那儿学到了一身的武功。一天，日本侵略军进山扫荡，与玉莲父女相遇了，父女二人怀着满腔仇恨与鬼子展开了激烈的搏斗，打死了几个鬼子。可是鬼子人多，从四面包围了玉莲父女。父亲在圆池岸边死于鬼子手中，玉莲也陷入鬼子魔掌。一个日本兵狞笑着要对玉莲施暴。坚强的玉莲不愧是中华民族的好女儿，面对敌人的凶残，宁死不依，最后跳进圆池，以身殉国。当地人民为了纪念玉莲在鬼子面前的坚贞不屈，将圆池又称为玉莲池。至今，长白山区还流传着烈女跳圆池的故事。

圆池是由小火山口积水而成的湖泊，湖水清澈，水草丰盛，有花尾鱼遨游于湖中。圆池的水源来自湖中央喷涌的泉水，这泉水使湖中央冬天无冰，夏天无萍，让圆池永

远美丽、年轻。

二、向海

在吉林省西部的通榆县境内，有一个芦花荡漾、水天相接，以湖沼和水生鸟类为主的自然保护区——向海自然保护区。

保护区内最大的向海湖水域面积为1067平方千米，水面5080公顷，蓄水2.3亿立方米。这里地域广阔，人烟稀少，气候温和，湖水碧绿，是典型的草原风貌。

在美丽的湖岸，林木郁郁葱葱，整齐地排列在水边，成为湖边的一圈绿色的大栅栏。每到夏日傍晚，人们聚在树下乘凉，晚风带着清凉的气息从湖面上吹来，顿觉清凉爽快。此时，听着细碎的涛声，望着天上的星空，真像置身于仙境一般，令人心旷神怡。

向海自然保护区最引人注目且最有趣的地方就是鹤场。鹤场坐落在保护区的大片沼泽地中，这里芦荡浩浩，水草丰盛，地面上凉爽湿润，生物丰富，极其适合丹顶鹤等珍禽的生息和繁殖。丹顶鹤在向海保护区内生活的时间比较长，每年

约有8个月之久。当春风掠过茫茫草原的时候，冰雪刚刚消融，芳草悄悄地露出嫩芽，湖冰消退，露出波光粼粼的湖面时，丹顶鹤等珍禽便从南方来到向海择偶成亲，双双筑巢，繁衍后代。深秋，当大地即将披上银装时，它们又成群结队地飞到长江以南或朝鲜半岛、日本去过冬。

向海自然保护区内，珍禽益鸟种类繁多，除了闻名遐迩的丹顶鹤外，还有白鹤、羽鹤、环颈雉、黄腰柳莺、山斑鸠、黑喉潜鸟等173种，所以人们说，向海湖是鸟的世界、鸟的家。碧绿的草原、茫茫的湖泊、多姿多彩的鸟类，构成了向海与众不同的自然景色。

向海还是吉林省较大的渔场，

湖中的鱼类品种繁多，有鲤鱼、鲫鱼、武昌鱼、鲢鱼等20多种。夏秋季节，人们用芦苇等围障捕鱼，用拖船、拉网围拢兜鱼。到了冬天，在一片洁白的冰面上，凿开一串冰洞，下起拉网，一网就能拉上几百斤鱼来，看着冰面上那活蹦乱跳的鱼儿，人们感受到了生活的幸福和甜蜜。

傲视湖畔的仙鹤

三、松花湖

松花湖坐落在吉林省境内。是一个蜿蜒曲折的大型人工河谷水库，为吉林省最大的湖泊。全长约200千米，面积550平方千米。平均水深20～40米，最深处为75米。松花湖湖区狭长，湖汊众多，从空中俯瞰，状如一条飞舞的蛟龙。它为崇山峻岭所环绕，湖区周围海拔1000米以上的高山有几十座。湖宽处烟波浩渺，一碧万顷；湖窄处巨岩夹峙，山影如墨，如长卷般怡静舒展。

松花湖具有多功能的自然资源，除发电外，还发挥着防洪、灌溉、航运、渔业、旅游等多方面的作用。作为著名的旅游和疗养胜地，松花湖得天独厚。沿岸山岭起伏，层峦叠嶂，空气清新洁净，湖水清澈照人，是旅游度假的好地方。

波光粼粼的松花湖面

松花湖区属温带大陆季风气候，四季皆景。春来湖水绿如蓝，更有湖滨万紫千红的鲜花点缀；夏有浓浓的绿荫，倒映在湖中的群山全是浓绿一片，染得湖水绿意更浓；秋天，红枫欲燃，渔帆点点行驶湖中，鱼跃鸟翔；冬天，雪满山原，冰封湖面，整个湖区银装素裹，分外妖娆。

夜晚，在松花湖上凿冰捕鱼的场景更是壮观，头顶繁星点点，脚下灯火闪闪，星月渔火银鳞，交相辉映，在此捕鱼游玩，别有情趣。

松花湖周围山地，森林茂密，林地面积450万亩，占湖区总面积的72%。森林中有原始林、天然次生林和人工林。山林中还盛产名贵药材，如人参、黄芪、北五味子、天麻、瑞香、贝母、党参等，堪称百药之乡。

松花湖是巨大的天然鱼池，湖中的鱼有近百种。盛产鲢、鲫、鳌花、青鳞、鳊花等。白鱼是松花湖中的佳品，它身体扁长，肉质鲜美。令游客最为赞赏的是在松花湖吃鱼都是现捕现做，银鳞闪闪，鱼香阵阵，特别鲜嫩美味。

坐游船游览松花湖，只见上下水天一色，万顷碧涛之上浮现着一座座岛屿。

松花湖上怪石林立，松柏挺秀，山色青溟，湖水深碧。从白牡丹峰溯水而上，两岸是片片白桦树林，那亭亭玉立的树干，闪着银白色的光泽，极为醒目，被称为森林家族中的美丽少女。壮丽的松花湖，水之静、松之秀、石之异，令人赞叹不已。

第八章 黑龙江省的湖泊

一、五大连池

在黑龙江省境内，也有几个与镜泊湖成因相同的火山堰塞湖，名叫五大连池。五大连池与镜泊湖虽是同一成因，但二者的自然风貌却大不相同。镜泊湖位于群山环抱之中，而五大连池却是镶嵌在平展的松嫩平原之上；镜泊湖水面浩大，雄伟壮观，五大连池则是五湖连珠，娇小秀气。镜泊湖和五大连池是我国最大的两个火山堰塞湖。

五大连池风光

五大连池火山湖形成于距今200多年前，当时的人们有幸看到这次壮观的火山口喷发、壅塞河道而成湖的过程。

那是在康熙五十八年（1719），五大连池地区发生了剧烈的火山爆发。在嘉庆年间出版的《黑龙江外纪》一书中是这样描写当时情景的："墨尔根东南，一日地中忽出火，石块飞腾，声震四野，越数日火熄，其地遂成池沼。"文中所提到的墨尔根，即现在的嫩江市，其东南，就是现在的五大连池地区。当时，这里有一条发源于小兴安岭的白河，澄清的河水欢快地从北向南流淌。火山的爆发打破了千古的宁静，四溢的熔岩从白河西岸滚滚而来，不但形成了长达17千米的熔岩流台地，而且数次截断白河，在不到5千米的河段中筑起了五道熔岩堤坝，形成了五个熔岩堰塞湖。晶莹的五池湖水，相互沟通，像一串美丽的明珠，被称为五大连池。当地居民习惯上把湖泊叫泡子或池子，五大连池最北面的一个叫五池子，再往东南依次是四池子、三池子、二池子和头池子。

五大连池都是同源之水，亲如姐妹，但是它们却各有特点，彼此不同。在成湖200多年后，每个湖的湖底出现了明显的差异。最北面的五池，湖底平坦，全是泥沙，没有岩石。其余的各湖从北向南湖底泥沙越来越少，湖底岩石逐渐增多。在最南面的头池子里，湖底均为石质，由熔岩和砂岩构成。这是因为白河水中所携带的泥沙，在河水入湖流速减慢时沉淀下来，由北向南，沉积物逐渐减少，以至于到了头池，水已至清，湖底就见不到泥沙了。

人们称赞五大连池是"名山如画屏，珠带五湖清"。当你站在高高的火山锥上，远眺串珠状的五湖之水，真是碧水蓝天，美不胜收。可是当你来到池子近前，就会发现各池池水的颜色略有不同。头池和二池的池水淡棕色里透着淡淡的绿；三池子的池水棕色里带着黄黄的绿；四池子的池水发黄，黄里透绿；五池子的池水有着淡绿带浅黄和淡淡的棕色。这主要是由于五池湖水的化学成分略有不同，另外，湖岸的背景，湖底的颜色，也使得湖水颜色略有差异。

二、镜泊湖

在我国黑龙江省宁安市西南，有一个藏身于崇山峻岭之中的湖泊，这就是闻名中外的火山堰塞湖——镜泊湖。

镜泊湖古称忽汗海，金代称毕尔腾湖，意思是"平如镜面的湖"。湖泊形状狭长，分为北湖、中湖、南湖和上湖四个湖区。南北长45千米，东西最宽处6千米，湖水面积约91.5平方千米，平均深度为45米，蓄水量16.25亿立方米。

镜泊湖与众多的湖泊相比，最大的特点就是水平如镜，波浪不兴，站在湖岸极目望去，青山和白云倒映在水里，就像一幅美丽的水彩画。为什么镜泊湖的水会如此平静呢？民间曾有一个美丽的传说：

相传有一次玉皇大帝过生日，天庭中各位神仙都到灵霄宝殿给他祝寿。王母娘娘十分高兴，大摆蟠桃盛会，宴请众位神仙。夜幕降临时，众仙相继告辞，可王母娘娘余兴未尽，便把所有女仙留了下来，重排喜筵，尽乐尽欢。众仙女开怀畅饮，一个个梳洗更衣。宫女们把一盆盆胭脂水尽皆倒入天河，不承想这些玉液竟一直泻入牡丹江，变成一片晶莹的湖泊。第二天早起，王母娘娘正要梳妆，忽然发现她的"平波宝镜"不见了，寻遍各处也

百里长湖——镜泊湖

镜泊湖地形

未找到。于是盛怒之下，命令雷公电母下凡搜寻，二神得令，急急奔下天庭。当他们来到牡丹江上时，凭借闪电光亮，发现宝镜落在湖泊之中。原来，不知是哪位粗心的宫女，在倒洗脸水时把宝镜一块泼了出去，落入湖中。自从湖中有了宝镜之后，湖面竟然波平浪静，不管刮多大的风也掀不起波浪。后来，王母娘娘来到这里，看见这苍山碧水、茫茫林海，不觉竟看入了迷，于是大动善心，决定把宝镜留在湖里，镇风压浪，让这里永远这么美丽，并给大湖起了个名字叫"镜泊湖"。

镜泊湖湖水平静是真，但并不是"平波宝镜"在起作用。镜泊湖周围群山环绕，大黑山等众山峰环抱着一池碧水，挡住了八面来风，才使得湖水比较平静。

镜泊湖碧水聚集却是因为火山。在距湖泊40多千米的西北方，有6个火山口，直径为100米～500米，深几十米。在一二百万年前，就是从这些火山口里，喷溢出炽热的岩浆，像一条火龙，顺着山坡、沿着山谷向前奔涌流动，在镜泊湖的北端吊水楼附近形成了宽约40米、高12米的一道天然堤坝，高峡出平湖的奇观由此而成。

第九章 青海省的湖泊

一、扎陵湖和鄂陵湖

扎陵湖和鄂陵湖位于青海省果洛藏族自治州的玛多县和玉树藏族自治州的曲麻莱县境内。扎陵湖居西，鄂陵湖居东。长期生息在湖区的藏族人民，根据两湖的水色和形状，称扎陵湖为"错加朗"，意为白色的长湖；称鄂陵湖为"错鄂朗"，意为青蓝色的长湖。

在中国历史文献上，对这两个湖泊早有记载，《新唐书·吐谷浑传》曾叙及侯君集于唐贞观九年（635）"达柏海，望积石山，观览（黄）河源"。6年之后，即贞观十五年，唐宗室女文成公主入藏，藏王松赞干布"率兵至柏海亲迎"。这里所说的"柏海"即扎陵湖，因藏语柏、白同音。公元1761年，清代著名历史地理学家齐召南

所编撰的《水道提纲》里，明确指出扎陵湖的位置在鄂陵湖以西，并对两湖做了详尽的描述。《水道提纲》中称扎陵湖为"查灵海"，陵湖为"鄂灵海"。对前者的注释是："泽周三百余里，东西长，南北狭，（黄）河亘其中而流，土人呼白为查，形长为灵，以其水色白也。"对后者的注释为："鄂灵海在查灵海东五十余里，周三百余里，形如匏瓜，西南广而东北狭，蒙古以青为鄂，言水色青也。"可是由于齐召南不懂少数民族语言，误把藏语当作蒙语，致使注释中出现了错讹。然而，这一错讹在后人所编写的《清史稿》中做了纠正。在以后的200多年里，中国有关文献和地理图册，均是以此为准的。

1953年，在中国报刊所发表的有关黄河河源的考察报道和文章

中，根据当时不够全面的调查资料，把历史上一直是"西扎东鄂"的命名予以颠倒，改为"西鄂东扎"，以致以讹传讹引起了混乱。直到1978年，青海省组织有关科学工作者到湖区进行了详细调查，并翻阅了大量历史资料，经国家正式批准后，才恢复了"西扎东鄂"这一历史传统的名称。

扎陵湖湖面海拔4294米，鄂陵湖湖面海拔略低，为4272米。湖区多年平均气温为-4℃（玛多气象站），是青海省高寒地区之一。冬季漫长而寒冷，10月至翌年4月的月平均气温都在0℃以下，最冷的1月份，平均气温为-16.5℃，1978年1月2日曾测得-48.1℃的最低气温。夏季短而凉爽，最热的7月和8月份，月平均气温只有8℃左右，最高气温也只有22.9℃。这里的夏季太阳辐射强烈，白天近地面层的气温上升较快。由于空气的涡动，常出现风云多变的地方性天气过程，有时一天竟会出现四五次之多。夏季夜间常少云，地面散热快，气温剧烈下降常在0℃以下，形成霜冻，滩地潴水之坑洼，有时还会出现薄冰，因此，湖区几乎终

转冷后的湖面

年没有无霜期。

两湖于每年10月中旬出现岸冰，11月下旬或12月上旬全湖封冻，岸边最大冰厚可达1米左右。翌年3月以后，湖冰开始消融，5月初，湖冰消融殆尽，冰冻期达半年以上。两湖封冻期间，人可履冰而行，汽车亦能在近岸地区行驶。

湖区降水量约300毫米，而蒸发能力却在1300毫米上下，为降水量的4倍。

黄河自扎陵湖的南部流出，清澈的河水蜿蜒流淌在宽阔的谷地之中，经28千米的流程，从西南部分散流入鄂陵湖，再由该湖的北部流出。

扎陵湖呈不对称的菱形，东西长35千米，南北宽21.6千米，面积526平方千米，平均水深3.9米，蓄水量达46.7亿立方米。湖的东北部较深，最大水深处13.1米。西部较浅，水深一般只有1米~2米，最浅处只有几十厘米。

鄂陵湖形如金钟，南北长32.3千米，东西宽31.6千米，面积610.7平方千米，平均深度17.6米，最大深度位于湖心偏北处，达30.7米。蓄水量为107.6亿立方米。

两湖的湖盆均为碟形洼地，除入湖河口外，岸坡都较陡，但湖底相当平坦。沿湖山梁和湖中岛屿，断层痕迹清晰可见，显示出湖盆是由断裂构造作用所产生的。由扁平状砾石所组成的天然堤，高出湖面5米~6米。天然堤在迎湖的一面较陡，背湖的一面坡度较缓，堤外则是一些小的洼地。这些洼地，有的仍蓄积着水而成为扎陵湖和鄂陵湖的子湖，只是因发展阶段的差异，有的是咸水，有的还是淡水，有的则干涸而成碱滩。显然，这些子湖是由于天然堤形成后，将原来的湖湾封堵而成的。由这些洼地再向外，还可见到高出湖面更高的天然堤和洼地。这种天然堤和洼地相间的地貌形态，记载了扎陵湖和鄂陵湖长期演变的历史，也是湖泊逐渐缩小的见证。

扎陵湖和鄂陵湖的鱼类区系组成比较单纯，考察所见的鱼类仅有9种。而构成两湖鱼类资源的只有极边咽齿鱼和花斑裸鲤两种，单个体重多在0.5千克左右，大者1千克~1.5千克。两湖因地处藏民游牧区，人口稀少，平均每平方千米不足1人，而藏民以往视鱼为神，素有不吃鱼的习惯，所以在漫长的历史时期，两湖无渔业可言。1960～1962年，青海省有关部门曾在此建过季节性渔场，捕鱼2000余吨，后因渔货销售路途遥远，交通不便，保鲜不易，成本又高而停办。两湖的鱼类由于长期处于自生自灭状态，不仅鱼群的密度大，且不惧人。近岸嬉游的鱼群，当人们接近时仍畅游不去，若投以石子，鱼群非但不惊散，反而会向石子落水之处聚集，所以网捕和垂钓极易。今后随着当地生产的发展和交通条件的改善，两湖原始的鱼类无疑将会得到开发。但是，两湖地处高寒环境，极边咽齿鱼和花斑裸鲤的生长速度是相当缓慢的，每增长0.5千克约需10年时间，且性成熟迟缓，繁殖力低，在开发时对于捕捞的强度和网目的大小应作适当控制，以利其生长繁殖和渔产的相对稳定。

在两湖的岛屿上，均有鱼鸥、棕头鸥、鸬鹚、赤麻鸭等栖息。尤其是扎陵湖北部和鄂陵湖南部的两个无名小岛上，栖息的候鸟最多，这两个岛屿过去从无人攀登，目前仍保持着原始的生态环境，是研究候鸟生态的理想之地。

二、盐湖

如果我们从青海湖出发，沿着青藏公路向西行进，就会进入到盐湖错落的柴达木盆地。这里的盐湖，大部分已经不见了水的踪迹，

盐湖——是盐的世界

留在苍茫大地上的，只有一片片银白色的盐圈，在灿烂阳光的照射下，放射出宝石般的光芒。盐圈以外的滩地上，绿草青青，牛羊成群。整个湖区虽然看不见碧水清波，却也充满了诗情画意。

柴达木盆地盐湖众多，是名不虚传的盐的世界。在柴达木的四个大盐湖中，最小的茶卡盐湖里就有4.4亿吨盐。盆地中部最大的察尔汗盐湖，面积达5800平方千米，储量达200多亿吨。如果把盆地中20多个盐湖的所有含盐量加起来，可达600亿吨。有人设想，要是把这些盐架起一座6米厚、12米宽的"盐桥"，足可以通向遥远的月球，而且还绰绰有余。

盐的世界到处是盐，也处处用盐。柴达木盆地有一条笔直、平坦的公路，南北穿过湖面。这条公路既不是用柏油铺的，也不是用水泥建的，而是用湖中的盐筑成的。整条路宽阔、平坦，运盐的载重卡车在上面飞速奔跑，而且绝没有半点灰尘。也许有人会担心，这些重载的汽车压在不足一尺厚的盐巴路上，路能承受得了吗？实际上，这种担心大可不必。有人曾经做过测试，就是在这"万丈盐桥"上起降飞机都不会有任何问题。

在柴达木盆地的盐湖区，盐是神奇的东西。在那里，盖房子用的都是盐，围墙是用盐砌成的，仓库也是用盐垒的，甚至连正规、舒适的宿舍也是用盐建成的。盐块做砖石，卤水做砂浆，边砌边抹，一座盐房拔地而起。过去，在那里吃盐十分方便，炊事员做菜，随手在地上挖一块就行了，腌菜更简单，在地上挖个坑，把蛋、菜等要腌的东西放进去，几天之后，就成为可口的咸菜、咸蛋了。现在那里的人们早已不这样随便挖盐吃了，他们也和内地人一样，吃经过加工的碘盐。

在洁白如玉的盐湖中，盐层的下面有时还有少量的卤水，这些卤水基本上处于饱和与过饱和状态，盐从卤水中不断结晶出来。这些结晶盐形状奇特、色彩斑斓，有钟乳状、蘑菇状、珍珠状、雪花状等。颜色有白的、青的、蓝的、红的和黑的。昆特依盐湖中的玻璃盐十分奇特，像水晶一样光洁透明，不但可以用来做高级艺术品，还可以用它来制作红外线高空摄像镜头。

盆地中的盐湖有些虽然已有悠久的开采史，但也有些是比较年轻的。格尔木市北部的察不尔是个世间罕见的盐库，但在历史上一直默默无闻，直到解放初，人民解放军的一支部队追剿乌斯满残匪时，第一次穿越茫茫的湖面，才发现这个银白的"盐的世界"。

三、青海湖

青海湖古称西海，蒙语叫作"库库诺尔"，藏语叫"错温布"，均表示"蓝色湖泊"之意。位于青海省东北部，湖区为群山环绕，北面及东面是祁连山脉的大通山。同布山及日月山，海拔在4000米～4500米之间；南面及西南面为青海南山，海拔在4000米以上。中央为青海湖盆地，青海湖即位于盆地的最低洼处。

青海湖轮廓似梨形，东西长104千米，南北宽62千米，周长354千米，面积4256.04平方千米，是中国最大的咸水湖。湖水最大深度31.4米，平均深度17.6米，蓄水量为739亿立方米。根据古湖岸线分布的高度和位置推算，现在的青海湖水位比成湖初期下降了100余米，面积缩小了1/3以上。

青海湖的流域面积34950平方千米，流域内有大小入湖河流40余

青海湖风光

条。最大的入湖河流是位于湖西的布哈河，全长300余千米，集水面积16570平方千米，年径流量10.64亿立方米，占入湖总径流量的2/3左右。其他较大的入湖河流是乌哈阿兰河、沙柳河、哈里根河、甘子河、倒淌河及黑马河等。

青海湖区地处内陆高原，为典型的大陆性气候，干燥寒冷且变化剧烈。湖区多年平均降水量在380毫米上下，降水量多集中在夏季，占全年降水量的2/3左右，由于气候的这一特点，所以入湖河流多为间歇性河流。据分析，湖泊每年亏损水量约5.77亿立方米。这是导致湖泊水位下降、湖面收缩变小和湖水含盐量不断增加的原因。湖泊水质分析表明，湖水的矿化度已达12.3克/升~15.5克/升。

湖区气温以1月份最低，最低值可达-30℃。每年11月湖泊进入冰期，12月上旬形成稳定冰盖，冰厚一般可达50厘米，稳定冰盖形成以后，全湖可履冰而行，近岸地带通行卡车亦安然无恙。翌年3月中旬后，由于气温回升，冰盖消融破裂，湖面出现浮冰。浮冰在风力的推动下，可汇聚成巨大的冰丘而推向岸边，最大冰丘体积可达10余立方米。4月中旬以后，冰块方消融殆尽。每年7月出现年内最高气温，温度可达28℃。

青海湖是由于断裂作用而形成的构造断陷湖，成湖于第四纪的早更新世—中更新世期，距今200万年~20万年。

青海湖在成湖的初期是一个烟波浩渺的外流淡水湖。它汇纳流域内大小河流，再由东南部的倒淌河谷穿野牛山汇入贵德县西北部的曲乃亥河，尔后注入黄河。新中国成立后，为揭开青海湖的早期面目，

青海湖的鸟群

科学工作者做了大量调查，并在倒淌河下游谷地进行了钻探，发现这一地带的早更新世—中更新世期主要是浅水湖泊的沉积物，从而证实了古青海湖的这一性质。

古青海湖形成以后，由于新构造运动，湖泊周围逐渐隆起，湖东部的日月山、野牛山和加拉山等上升幅度最大，终于战胜水流的下切，而将湖水外泄的"咽喉"堵塞，遂成为一个闭塞的内陆湖，湖泊水位因此上升。加之当时气候向温暖潮湿转化，入湖径流量增多，湖面扩大。其范围，西北可抵天峻一带，东南直至牛山麓，水深在150米以上。

进入全新世以后，湖盆周围继续隆升，气候复趋干燥，入湖径流量减少，强烈的蒸发作用使湖面逐渐缩小。原为湖水所淹没的水下岭脊，有的出露于水面之上而成为湖中的孤岛，有的脱离湖体成为湖畔孤山。

到了近代，青海湖更进一步地缩小。根据古湖堤的遗迹和历史记载，湖水在东西方向上退缩的距离至少在20千米以上。现今分布于湖东部的两个子湖——耳海和尕海，就是青海湖在不断缩小的过程中，从"母体"所分化出来的两个残留水体。

青海湖的鱼类极为单纯，经济鱼类仅青海湖裸鲤一种。这是一种高原冷水性鱼类，体无鳞，背部黄褐色，腹部浅黄色，习称湟鱼，富脂肪，肉质细嫩，为西北地区水产

青海湖的水源补给

青海湖上的倩影

佳品，最大个体可达10千克以上。由于湖泊水温低，青海湖裸鲤生长的速度相当缓慢，体重达到0.5千克的鱼，约需生长12年。性成熟的亲鱼，每年3～8月溯河而上，在河滩产卵，其中布哈河是该鱼的主要产卵场所。

在漫长的历史时期内，青海湖的鱼类资源几乎不为人们所利用。新中国成立后，青海湖的渔业生产才获得发展，建立了国营渔场，采用机动船只捕捞，年产量一般在4000吨上下。青海湖现已成为西北地区重要的水产基地。

湖中还有沙岛、海心山、海西山、鸟岛和三块石等5座岛屿。各岛面积悬殊，形态各异，但岛上都栖息着众多的候鸟。其中尤以海西山和鸟岛的候鸟最为集中。每年5月下旬，那些栖息在东南亚、印度、巴基斯坦、尼泊尔等国家以及中国南方的斑头雁、鱼鸥、棕头鸥、鸬鹚、赤麻鸭等10多种鸟类陆续飞来，在岛上产卵孵雏。一眼望去，密密麻麻的鸟巢一个挨着一个，有白玉色、青绿色、棕色斑点的鸟蛋，比比皆是。据统计，在这不到0.6平方千米的小岛上栖息的鸟类就有10万只之多。为了使这些候鸟的栖息场所不致受到破坏，现在已将这两个小岛列为国家的重点自然保护区。

四、茶卡盐池

茶卡盐池位于青海柴达木盆地的东北隅，北枕祁连山脉的支脉库库诺尔岭，南临旺尕秀山，湖面近似椭圆形，长14.8千米，宽9.0千米，面积105平方千米，是全国著名的湖盐产地之一。

茶卡地区的气候，干燥寒冷，最热的7月，气温也只有20℃左右，1月的气温最低，常在−20℃以下。年降水量不足200毫米，而年蒸发量则超过降水量10倍以上。稀少的降水集中在夏季，主要入湖河流有莫河，黑河和尕巴河等间歇性河流。

茶卡盐池位于盆地的最低洼处，为潜水汇聚之地，因而流域中的盐分通过地表径流得以集中于湖内，在强烈的蒸发作用下，湖水不断浓缩，年长日久，达到了饱和或过饱和状态，并沉积为盐湖矿床。在挂池周围有黑色的淤泥，其上为一圈环带状的盐碱土，常凝结成薄薄的白色盐壳。盐碱土与山麓之间则为沙砾，有草本植物呈簇状分布。环湖的溪水味咸涩，居民均食井水、泉水，或近山的溪水。盐质的分布具有愈近盐池含盐量愈高的特点，这也是盐池中的盐类由流域汇集而来的佐证。

茶卡盐池的盐矿是由结晶盐所形成，成矿后，没有受到构造运动的显著影响，故仍保持着原来的水平状态。各种盐类的结晶，层次变化清晰可见，最上部为厚1厘米～10厘米疏松的白色晶体（以食盐为主）的卤盖层；卤盖层以下为食盐层，厚度8米左右，盐池中心最厚处可达15米以上。盐粒呈正方晶体，内部常带青色，故名大青盐，系现在开采的盐层；其下为0.5米～2.0米厚的复盐或镁盐层；再下为芒硝层，呈块状，脱水后呈

粉末状，主要见于湖内北部及东北部；芒硝层下为石膏层，多见于湖边地带；最下部为灰黑色的淤泥及黏土层，有浓臭味。盐池表面经常无水，若东风骤起，盐池表面可积卤水约30厘米深。由结晶盐所形成的整个盐盖，坚硬异常，机动车辆均可通行。盐盖之上常可见到大小不一、形状各异的溶洞，俗称气眼，大者50平方米～60平方米，小者尚不足1平方米，洞深1米～6米，洞中卤水清澈如镜。机动车辆在洞边行驶，亦无塌陷之虞。

茶卡盐池为露天食盐矿，矿床氯化钠平均含量达93%，经洗涤后的成品盐，氯化钠含量在97%以上。整个盐池食盐储量丰富，可供全国食用100年左右。

茶卡盐池的开采有着悠久的历史。据地方志记载，清乾隆二十八年（1763）盐池就已设有盐律，1929年设盐务局，但因盐矿开采操纵在茶卡、柯柯和青海3个王族手里，设备简陋，操作原始，采盐靠"铁钻、铁锨、铁杓和铁耙"四大件，外运靠牛、马、骆驼装载，生产迟迟得不到发展，盐的年产量仅1000吨左右，最高产量的1941年也只有4926吨。

新中国成立后，茶卡盐池的生产面貌日新月异。如今采盐已由过去的手工操作改为机械化和半机械化操作。盐池上还铺设了轻便铁路，将开采的食盐源源不断地运至堆坨场，产量较过去成十倍、几十倍地增长。茶卡盐池现已成为西北地区食盐供应的重要基地之一，所产食盐除满足青海省外，还远销甘肃、陕西、四川、河南及湖北等省。

第十章
⊙ ⊙ ⊙
新疆维吾尔自治区的湖泊
⊙ ⊙ ⊙ ⊙ ⊙ ⊙ ⊙ ⊙ ⊙

一、喀纳斯湖

在我国新疆北部的阿尔泰地区的原始森林中，有一个美丽的湖泊，名叫喀纳斯湖。在当地的少数民族语言中，"喀纳斯"是美丽富庶、神秘奇特的意思。

喀纳斯湖坐落在万顷密林当中，好似镶嵌在翠绿地毯上的一颗蓝色宝石，晶莹剔透、秀丽迷人。湖泊的形状像一条长长的丝瓜，南北长25千米，东西宽平均2千米，

喀纳斯湖晚景

水深90多米，湖的海拔高度达1300多米。

20世纪80年代，喀纳斯湖湖怪的出现，搅得整个阿尔泰地区沸沸扬扬，同时，也使更多的人了解了美丽的喀纳斯湖。人们把目睹"湖怪"当作一大幸事。可是，当地群众却善意地告诉游人："湖怪非常凶猛，只能在高处远眺，千万不能到近处细瞧。否则会有生命危险。"

难道湖怪真的这么可怕吗？

据说，从前有个牧人赶着马匹沿湖边放牧，暖洋洋的太阳把牧人送进了梦乡，十几匹马或嚼着青草，或跑到湖边饮水。等牧人醒来时，却不见了马群。他并不十分在意，因为马群走远，一会儿还会回来。但等了半天，也未见马的踪影，牧人心里有些紧张。他急忙奔到湖边一看，立刻被惊呆了，湖边的水被染成一片红色，岸边只见一片杂乱的马蹄印。牧人恐惧而又沮丧地逃回家中。

后来，科学考察人员在喀纳斯湖边的浅水地带，发现了完整的牛、马、羊等动物骨架。经研究认

为，这的确不是陆上人兽所为，可能是湖中的怪兽在行凶。于是他们在湖中撒下600米长的大渔网，试图将怪兽一网打尽。不料，大网第二天就没了踪影。几天后有人报告，渔网跑到几千米外的上游水面，还被绞成一团。看来这湖怪不但凶猛，而且十分狡猾。

1985年7月底，正值盛夏时节。新疆大学地理系和生物系的师生20多人到湖区进行考察，湖怪当然是要考察的重要内容。

一天，有位老师在湖边的山坡上耐心地观察湖面。忽然，他发现约1千米远的湖面上兴起了波纹。"湖怪"，他下意识地喊了一声，随手拿起望远镜向湖中观察。只见一个庞然大物静卧湖面，头部像鸡冠一样火红，巨大的嘴巴一张一

水草丰美的喀纳斯湖

合，吐出的水在水面形成了半圆形的波纹，脊背上有一条红线，足有5米长。在场的几位教师几乎异口同声地说："巨型哲罗鲑。"巨型哲罗鲑并不是什么怪兽，而是一种肉食性的鱼类。它体形硕大。一般长3米~5米，最大的有10多米，仅头部的直径就有1米左右。据估计，该湖中有巨型哲罗鲑近百条。难怪一群膘肥体壮的马一会儿工夫就消失得无影无踪了。

二、天山天池

新疆天山是个景色优美、充满魅力的地方。高耸入云的群峰，披着银色的冰雪盛妆，在湛蓝色天穹的映衬下，闪着晶莹的光芒。就在这伟岸壮丽的群山之中，有一个被称为"天山明镜"的秀丽湖泊——天山天池。

群山环抱的天池

天山天池，古称瑶池。在我国流传的神话古籍中，就有关于它的传说，书中把天池写成西天王母娘娘居住过的地方，所以才把它叫"瑶池"。唐太宗时，曾在这里设"瑶池都督府"。"一代天骄"成吉思汗，曾来到这里，并会见了当时来讲道的丘处机。"天池"一名是从乾隆四十八年（1783）开始使用的。当时乌鲁木齐都统明亮至天池，在此题写了"神池浩渺，如天镜浮空……"的碑文，由此可见，"天池"原本是"天镜""神池"二词分别取头留尾而成。

美如明镜的天山天池，坐落在天山东段博格达峰西北的半山腰处。湖面海拔1900米，湖水来源是三工河，河水来自巨大山峰上的12条冰川的冰雪融水。湖泊的形状像一只葫芦，长3500米，最宽处只有1500米，面积近5平方千米。最大水深103米，蓄水量1.6亿立方米。湖水没有外泄出口，只靠渗透外流和蒸发来自然调节，保持平衡。那么，这悬在高山上的巨大洼地是怎样形成的呢？它是由山岳冰川经几万年、几十万年刨蚀作用的结果。后来，地球气候转暖，冰川的位置向山上退缩，洼地中就积满了水，最终成了天山上的一面明镜。

天池雪景

巨大的白色冰川，不仅雕琢出了天池冰盆，而且用它那坚强而有力的双臂，鬼斧神工地将天池周围的群山刻画得俏丽多姿。在天池的两侧，各有一个小天池。左面的就在下山的路上，右面的藏在山抱林拥的僻静处。传说，这两个小天池是王母娘娘洗脚的地方。

天山天池风光无限，四季宜人。夏天，湖面上碧水蓝天，白帆点点。湖滨的绿地上，鲜花盛开，鸟儿鸣唱。遥望远山，成群的羊儿像一片片白云，一顶顶白色毡房好似朵朵盛开的雪莲。冬天，大地虽然一派银装素裹，但并不很冷，这洁白的湖区，成了世界上屈指可数的最佳天然高山冰场。

天山天池，已成为著名的游览胜地，当世界各地的游客在这里看到美丽的天池景色和维吾尔族的小伙、姑娘们跳起欢快的舞蹈时，无不赞叹我们伟大祖国河山的壮美。

三、罗布泊

在2000多年前的汉代，新疆塔里木盆地的东部有一个繁华的城市。这座城市古朴雄伟，十分热闹，巨大的宫殿屹立在宽阔的广场上；整齐的街道人来人往，在错落有致的市区中，设有店堂、庙宇；

已成为沙漠的罗布泊

孩子们在尽情地玩耍，老人们在悠闲地散步和闲聊；高级房间里铺着珍贵的地毯，摆放的家具精致典雅。这不是沙漠中的海市蜃楼，而是罗布泊湖西岸的古城楼兰。那时，罗布泊湖水域浩瀚，水源充足的塔里木河给罗布泊带来了丰沛的淡水，使这里成为植物繁盛、粮食丰收的沙漠绿洲，同时也孕育了楼兰古国的灿烂文化，使之成为我国内地通往西域南路的必经之地。

罗布泊是我国著名的内陆湖之一。旧称泑泽、盐泽或蒲昌海，藏语叫"罗布诺尔"，是"多水汇入"的意思。在自然界众多的湖泊中，罗布泊是很特殊的一个，它的水量在很短时间内曾发生过剧烈变化，积水轮廓也时缩时涨，曾有人据此认为这是湖泊在移动。但根据实地调查资料及卫星照片分析，罗布泊并不是游移湖，而是在罗布诺尔洼地中改变着自己的形态。

早在2000多年前的秦汉时代，罗布泊有塔里木河、孔雀河、车尔臣河等多条河流为源，湖面可谓"广袤三百里"。后来，由于几条河流常被沙丘堵塞，湖水面积大为缩小。隋唐时期，由于高山冰雪融水增多，进入湖泊中的水也相应增加，但还是难以恢复汉代的风貌。到了18世纪80年代，罗布泊"东西二百余里，南北百余里，冬夏不盈不缩"。1900年，罗布泊北部干涸，南部成为芦苇丛生的大沼泽。1921年，由于人为的原因，使得河水相汇合，冲开沙丘注入湖中，罗布泊重新出现了绿色与生机。到1945年，罗布泊面积达3000平方千米左右。遗憾的是，1952年，由于在上游河口修筑拦河堤，罗布泊的水面又慢慢退缩，至今已完全干涸了。整个湖区白茫茫一片，盐碱连着沙滩，到处是一派荒凉的景象。我国著名科学家彭加木在一次赴罗布泊的考察中失踪，为祖国的科学事业献出了宝贵的生命。

今天，罗布泊虽然已是一片荒凉，但是，那里丰富的盐类和土地资源有待人们去开发。当然，我们更希望罗布泊能恢复昔日那碧水蓝天的美丽景象。

四、博斯腾湖

位于新疆维吾尔自治区中部的

冰封的湖面

博斯腾湖亦名"巴喀赤湖",史书早有记载,汉《西域传》称为"焉耆近海",北魏《水经注》称为"敦薨浦"。

博斯腾湖在成因上系一山间断层凹陷湖。湖的平面轮廓近似三角形,东西长55千米,南北宽25千米,面积约1100平方千米。底部平坦,湖岸较陡,平均水深约10米,深水区位于湖的东部,最大水深16米,蓄水量77亿立方米。湖面海拔1048米。此外,该湖的西南隅尚有13个小湖所组成的湖群,自东而西主要为那木克湖、马力侧湖、库尔勒湖、阿洪克湖、阿拉特湖等。这些小湖均有河流通博斯腾湖,水深多为0.5米~1.0米,总面积约240平方千米。

湖区气候干燥寒冷,温差较大,"早穿皮袄午穿纱,怀抱火炉吃西瓜",正是这一气候特征的生动写照。湖区多年平均气温为8℃~9℃,8月份最高气温可达38℃以上,而最冷的1月气温可降至-35℃以下，冬季漫长，平均无霜期为145天，雨雪稀少，多年平均降水量仅为60毫米～70毫米，而蒸发量却高达1986.1毫米，为降水量的30余倍。每年11月中、下旬出现岸冰，12月份全湖封冻，冰厚为0.8米～1米。入春以后，随着太阳辐射热量的不断增加，气温逐渐升高，冰层开始消融，至4月全湖冰块方融化殆尽，冰期历时5个月左右。在封冻期间，可以从事冰下捕鱼、刈割芦苇以及马车运输等活动。

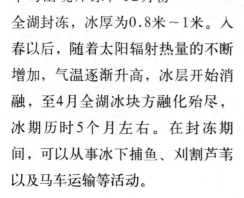

博斯腾湖

汇入湖泊的河流有开都河、黄水沟、清水河、马拉斯台河等，其中以开都河为最大，占入湖流量的86%以上。它源于天山山脉南麓的哈尔干特山口，进入焉耆盆地后，从西部入湖。由于入湖河流是以冰雪融水为其主要补给形式，因此博斯腾湖水位与河流的来水量呈现出相应的变化，最高水位出现在每年的7～8月份，最低水位出现于每年的1～2月间，年内水位变幅约0.7米，最大变幅约1米。

博斯腾湖汇纳了开都河等河流来水，经调节后，由西南部的孔雀河排出。孔雀河下穿铁门关峡谷，进入库尔勒平原。博斯腾湖既是开都河的归宿地，又是孔雀河的发源地，起着承上启下、调节河川径流的作用。据计算，多年平均入湖径流量为25.8亿立方米，孔雀河的出流量为9.55亿立方米，每年约有15.84亿立方米的水量消耗于湖面的蒸发及芦苇的叶面蒸腾，占入湖径流总量的36%。

博斯腾湖本为淡水湖。1958年调查时，湖水矿化度尚在0.37克/升～0.38克/升，与长江中下游地区的湖泊矿化度甚为接近。时隔17年后，于1975年再次调查时，矿化度已上升为1.4克/升～1.5克/升，矿化度平均以每年0.06克/升的数字递增，17年增加3倍多，成为一个微咸水湖泊。1978年再次调查，矿化度又有升高，为1.6克/升。矿化度不断增加的原因，主要是上游工农业用水量不断扩大所致。为了维护湖泊的生态平衡，对矿化度如此的变化，应予足够的重视。

博斯腾湖原产的塔里木裂腹鱼（俗称尖头鱼）、扁吻鱼（俗名大头鱼）和长头鱼等资源已衰减。近年来从内地引进了鲤鱼、鲫鱼、草鱼、鲢鱼，又从北疆引进了贝加尔雅罗鱼等，增加了鱼类资源。现在鱼的年产量在100余万千克，除供当地食用外，还运至乌鲁木齐等地，是新疆最大的渔业生产基地。

芦苇是博斯腾湖的又一资源，尤其是湖的西北部及西南部的小湖群区，芦苇丛生，且质地优良。据调查，每平方米可达50余株，茎粗多在2厘米以上，株高一般在4米以上，最高的可达6米～8米，为全国罕见的优质苇。湖区的芦苇面积约有4万公顷，年产干芦苇达40万吨，为新疆最大的芦苇生产基地，也是全国重点芦苇产区之一。

此外，湖区还产麝鼠，俗称"水老鼠"，以食芦苇为生，穴居于滨湖近水之地，一窝可产仔30只～40只。麝鼠的皮毛非常珍贵，是畅销的出口物资。今后如能加以驯养，可使当地获得可观的收益。

焉耆盆地内，沿河滨湖的土地肥沃，水草丰茂，农牧业均较发达，享有"北国江南"的盛誉，这不能不归功于博斯腾湖。而今，湖区下游的铁门关水电站已经建成，为湖区工农业生产的发展提供了动力，这是博斯腾湖对该地区发展的又一贡献。

五、可可托海湖

在我国新疆北部的阿尔泰山附近，有一个名不见经传的小湖——可可托海湖。这里虽然没有内地湖泊那醉人的风光和旖旎的景色，却有着另一番令人陶醉和神往的自然景观，那就是寒冷和妖娆的冰雪世界。

1965年1月，我国的气象工作者在可可托海湖测得了-57℃的境内最低气温记录。这里的冬季长达半年之久，冬季平均气温在-30℃～-20℃之间，数九开始

可可托海湖

到数九末的80多天里，平均气温在−40℃～−30℃之间。在极度寒冷的天气里，人们可以听到自己呼出的气冻成冰的唰唰声，可以看到小便后瞬间在地面上结成的冰块。

可可托海湖在这样寒冷的气候条件下长期处于冰封之中，只是在盛夏的几十天里才能出现碧波荡漾的水面。这里的夏天白昼很长，从早晨4点太阳就露出了笑脸，直到晚上9点，才慢慢地坠入西山。凉爽的气候使这里成为新疆有名的避暑胜地。

可可托海湖的冬天虽然气候寒冷，却到处呈现一派热闹、繁忙的景象。湖面上、路面上，到处是各种各样的爬犁，有马拉的、牛拉的、狗拉的，更多的是人拉的。近几年还偶尔可以看到机动雪橇。湖面上是良好的天然冰场，孩子们穿着五颜六色的衣服，戴着各种各样的帽子，在湖上滑雪溜冰、嬉笑打闹。

在可可托海湖所在的寒冷地区，人们的生活也与内地大不相同。一进入冬季，西伯利亚的寒流就频频袭来，人们要穿皮衣，戴皮帽，足蹬皮靴，把身体裹得严严实实。所有汽车的挡风玻璃都是双层，还要另加一个防寒套，在这里，新鲜蔬菜极少，整个冬季都吃储藏在菜窖里的大白菜和其他根茎类蔬菜。商店里出售的食品，像大豆腐、牛羊肉、鱼类、牛奶等都是冻好的。如果想吃新鲜鱼，就要在封冻的湖面上凿一个冰洞，晚间在冰洞旁点一堆火，鱼儿因湖水中缺氧向洞口聚拢，看到亮光后又往外蹦，这样，无须别的方法，就可坐等鱼儿自投罗网了。跳到冰面上的鱼不到5分钟就变成了"速冻鱼"，寒冷的冰湖，别有情趣。

六、乌伦古湖

在新疆维吾尔自治区的北端，屹立着绵延不断的阿尔泰山。广阔的山前平原上，镶嵌着一颗璀璨的明珠——乌伦古湖。

乌伦古湖是一个封闭性湖盆，河水注入湖中，但是却没有排泄河道，全靠自然蒸发来调节湖水。整个湖盆由两部分组成，位于西北侧的大湖盆叫乌伦古湖，又称大海子，面积827平方千米，湖水最深处12米；位于东南的叫吉力湖，又称小海子，两湖中间有一条近10千米的水道相连接。乌伦古湖按现在的水域面积，在我国湖泊排名中居第21位。

在乌伦古湖所处的阿尔泰山山前地区，没有内地湖泊周围那样的花红柳绿，但却有大西北平川的威武和雄浑，广阔的湖岸边，是一片荒漠草原景象。禾草、野葱、梭梭、假木贼等并不漂亮的植物，在砾石缝里和沙包群上倔强地生长着。突兀的怪石缝里，错落地生活着怪柳和盐角草。只有靠近岸边的浅水中，可以看到一片片的芦苇，构成一派独有韵味的景致。

在乌伦古湖区，最有趣的是在大、小海子之间的河道中钓鱼。狭窄的河道里有一个拦水闸，只见垂钓者们一个个手执钓竿，却毫无一般垂钓者静心垂钓的沉稳神态，每个人都在那里前后忙碌着。只要钓一入水，不用等待，就猛地一撩，一条甚至两条鱼便钓了上来。定睛细看，闸下那些黑乎乎的大团的东西，全是准备冲向上游的鱼群。难怪各种蹩脚的鱼竿，甚至没有饵的鱼钩都能"钓"得上鱼来。再看那些被钓上来的鱼，有的钩在腮上，有的挂在脊上，更多的还是挂在肚子上，却见不到挂在嘴里的。有些来不及准备钓具的人，兴冲冲来到水边，只要用手一捧，就会捞起几条小鱼。这不仅让人们想起北大荒那"棒打獐子瓢舀鱼"的情景。

据记载，在清朝时，乌伦古湖的两个海子还连在一起，是一个完整的湖。后来，由于湖水的逐渐减少，才由原来的葫芦形变成今天的两个海子。由于湖水有进无出，只靠蒸发失去部分水量，所以现在的湖水含盐量在5%左右，略带咸味，属于微咸水。

乌伦古湖属构造断陷湖，是地壳运动所创造的一个杰作。

七、巴里坤湖

在新疆维吾尔自治区，有一个

古称"蒲类海"的巴里坤湖。湖区地处新疆的东北部，四周被茂密的森林和皑皑雪峰所环绕。漫步百里湖区，目光所及的地方都是一片银色的世界。盐的湖岸、盐的湖滩、盐的集堆，大大小小，纵横交叠，到处是盐，一望无边。虽然有些荒凉，但当太阳照耀在湖区大地上时，仿佛整个世界都是纯净的白色，没有污垢，没有瑕疵，格外美丽，人们仿佛是置身于一个水晶世界里。

在这样的环境中，除了人类之外，其他生命少得可怜。是啊，能在那高浓度的盐水中生存，该是什么样的生命？然而，大自然做出的回答常常使人类大吃一惊。

近几年来，在这里工作的盐工们发现，从湖底到水面，整个湖泊成了极其热闹的"卤虫乐园"。

卤虫是能在盐湖中生存的为数不多的生物之一，是一种小虫子。夏季是卤虫的繁殖季节。每到皓月当空、波光融融的夜晚，无数的卤虫从四面八方来到湖面聚会。只见月光照耀下的墨蓝色湖面，聚起了密密麻麻的卤虫群，并形成了一条非常壮观的黄褐色条带。用灯光一照，那情景确实让人惊奇，卤虫在水中个个精神抖擞，摇头摆尾，尽情欢舞，似乎忘记了周围的一切，给原本平静的湖面增添了几分欢快和生机勃勃的气氛。

这些小小的卤虫，为什么在月光皎洁的夏日夜晚在湖面上狂欢起舞呢？生物学家们找到答案。原来，卤虫与某些鱼类相似，有群体繁殖的习性，它们的月下狂舞，是一种传统的生殖现象。可以称为"新婚集体舞"。它们每次的婚舞，都会结下爱情的果实，那是一些只有在显微镜下才能看清的形似鸡蛋般的小卵壳——一枚枚精巧的卤虫卵。

卤虫是盐湖中极为宝贵的生物资源，在我国，由于卤虫资源极为匮乏，每年要花费大量的外汇从国外进口孵化，卤虫是养殖鱼类和某些高级海生动物的可口饵料，十分宝贵。在巴里坤湖区，人们称其为"金沙子"，用作家禽饲料。

经多年的研究发现，卤虫家族庞大，广泛分布于新疆巴里坤湖和艾比湖，是盐湖中可开发的重要资源。

第十一章 山东省的湖泊

一、大明湖

"四面荷花三面柳，一城山色半城湖。"这是清朝乾隆年间进士刘凤诰对济南大明湖的赞誉之辞。济南大明湖是闻名中外的游览胜地，位于济南旧城之北，面积46.5公顷。广阔的湖面波光潋滟，荷花点点。湖岸上柳绿桃红，倒映水面。蓝天上的几片白云，伴着远山衬托着宁静的湖面，湖山天影融为一体，真是一个美丽的城中之湖。

大明湖不但景色秀丽，而且古迹和名胜众多。跨过鹊华桥，迎面可见三檐彩绘的牌坊，雄伟壮观，上书"大明湖"三个字。由此而入，湖内诸多景观便展现在面前。南岸有明湖居、遐园、辛稼轩祠；北岸有铁公祠、北极庙、南丰祠、江波桥；湖心有历下亭点缀其间，十分协调自然。

园林中，可以看到"岳飞书武侯前后出师表"石刻、嘉祥汉画像石等文物，还可以浏览到词人辛弃疾的许多资料。

这些园林多数环水而建，花草遍地，修竹滴翠，湖光山影，美不胜收。

在大明湖美妙的景色中，有两个令人们称奇的谜，为大明湖增添了几分神秘。

第一个谜是湖区没有蛇。大

大明湖畔

大明湖

明湖树草茂密，地表湿润，本来应该是蛇类栖息繁衍的好地方。但是不知什么原因，整个湖区却见不到一条蛇。让人奇怪的是，出了大明湖，在济南市的其他地方，却常常可以看到各种各样的蛇。

第二个谜更是让人费解，那就是湖区的青蛙不叫。青蛙鸣叫本来是它们的天性，可是住在大明湖中的青蛙却像哑巴一样，从来也不叫一声。偌大的湖区，只闻声声蝉鸣，却听不到蛙叫。叫人感到这里有一种特殊的寂静。有人好事，捉了几只大明湖的青蛙放到护城河外，并跟踪观察它们的行为，这些青蛙居然大声叫了起来，让人们吃惊不小。于是，又有人将远处的青蛙捉住，放进大明湖区，这些青蛙居然像被管教起来一样，一直保持沉默。

两个有趣的谜，为生物学家提出了难解的题目。他们从蛇和青蛙的生活习性细节到大明湖的水温、水质、水化学、湖区植物类型等多方面进行了研究，令人遗憾的是，至今仍然没有做出圆满的解释。如果朋友们有幸去那里游览，千万别忘记看一看、听一听，去感受一下这少有的自然之谜，体验一下大自然的奇异之处。

二、南四湖

南四湖系微山湖、昭阳湖、独山湖、南阳湖的总称，位于山东省西南部，津浦铁路西侧的微山县境内，四湖略呈南北向排列。南北长

120千米，东西宽5千米～30千米，面积1226平方千米，蓄水量19.3亿立方米，是中国华北平原上面积最大的湖泊。1958～1973年在微山湖和昭阳湖之间，兴建了一座由拦湖坝、滚水坝、电站、船闸组成的全长6582米的二级坝枢纽工程，把南四湖拦腰截断，分成上下二级湖，上级湖包括昭阳湖、独山湖和南阳湖，下级湖仅微山湖。水位北高南低，相差约3米。

南四湖在成湖之前为泗河河槽，湖区处于山东地台西南边缘的凹陷带，断裂构造发育，从东平湖经南四湖到洪泽湖的断裂带上，地震活动频繁。黄河在公元1194年南徙后，多次向南决口泛滥，使泗河下游淤塞，河道淤高成为地上河，南流的入淮水道受阻，宣泄不畅，逐渐潴水成为微山、昭阳、独山及南阳四湖。

湖区承纳山东、江苏、河南、安徽四省约31700平方千米流域面积上的来水。东岸有泗河、十字河、白马河、城都河、洸府河等山溪性河流注入，西岸有红卫河、洙赵新河、梁济运河、万福河、复新河等注入。梁济运河将黄河、东平湖与南四湖、中运河相连，沟通了黄淮水系，成为南北水上交通的咽喉。南岸是南四湖的出口，通过韩庄节制闸及蔺家坝节制闸，经韩庄运河、伊家河、不牢河而汇入中运河，再泄入江苏境内的骆马湖和洪泽湖，南四湖是淮河水系的一个组成部分。

南四湖水面辽阔，资源丰富，有"日出斗金"之称。经过综合治理和二级坝的拦蓄，提高了湖泊蓄洪抗旱的能力，保证了湖区的农田灌溉，达到了旱能灌、涝能排的标准。汛期洪水可拦蓄在上级湖内，减轻了下级湖的压力。治理前的京杭大运河，原来是从湖东穿过南四湖的，由于年久失修，业已淤塞，不能全部通航，修建后的京杭大运河已改经南四湖的西侧——梁济运河通过。

南四湖盛产鱼虾，最高年产量达2300多万千克，其中60%是鲫鱼，20%为虾，是中国淡水渔业的重要基地之一。此外，南四湖有浅滩近1.3万公顷，出产芦苇、菱草、莲、菱和芡实等水生植物，它们的产值相当于渔业的收入。茭草刈割晒干后，除了作为牛的饲草外，还可以远销日本。

抗日战争期间，湖区人民武装力量利用河湖港汊、芦荡湖滩等有利地形，开展对敌斗争。著名的铁道游击队就经常出没在湖东的津浦铁路沿线，沉重地打击了敌人。南四湖经过20多年的治理，已从一个逐渐淤废的天然湖泊变为人工湖，获得了新生，昔日"十年九灾"的南四湖区，现已初步成为资源丰盛的鱼米之乡。

八百里水泊

三、梁山泊

八百里水泊梁山伴着施耐庵先生的古典名著《水浒传》而闻名遐迩。昔日的梁山泊，浩渺的水面，如箭的小船，百余位英雄好汉聚义在此，演绎出一幕幕惊天地、泣鬼神的英雄壮举，让许许多多的人对水泊梁山有一种十分浓烈的神往之心。

然而，昔日的八百里水泊梁山已是今非昔比，只有梁山依旧，没有了旧时的水泊。小说中施先生描述的水泊难道是虚构的不成？不，

那曾经与梁山好汉相依相伴的梁山泊确实是一个烟波浩渺、景色奇丽的大湖泊，只是在时间老人的捉弄下，几经沧桑，渐渐地消失了。

梁山位于山东省西部与河南省相毗邻的梁山县境内，主峰在县城正南5千米处，海拔1979米，没有小说中描写得那样高大和险峻。在梁山周围，已看不到昔日那八百里的水乡泽国，能见到的是一片片肥沃的良田。如果梁山众位好汉看到今日的情景，也难免会慨叹大自然

的神功伟力，竟使一个好端端的水泊消失得无影无踪。

在梁山东北部的20多千米处，人们还能够看到昔日水泊梁山的影子。那里有一个东平湖，湖光山色，碧波荡漾，景色十分秀丽。也许，这块水域是水泊梁山留给人们的唯一的纪念。

早在北宋以前，梁山泊为黄河的必经之路，因为此处正处于华北地台区与山东低山地区的接触部位，所以在地壳的缓慢运动中，这里不断处于下降状态，形成盆地状构造，为积水成湖奠定了基础。有了低洼的湖盆，黄河水便浩浩荡荡直驱而入，形成了梁山泊八百里水域。

众位梁山英雄，以水泊为天然屏障，杀富济贫，为穷苦人伸张正义。方圆百余里的地方，都是英雄们活动的场所。北起聊城，南至巨野，东达泰安，西到大名，至今还依稀可辨梁山好汉们安营扎寨的痕迹。今天，这些地方已成为人们观光游览的景点。

由于黄河水中夹有巨量的泥沙，所以当水泊所处地区的地壳相对稳定后，泥沙便开始在湖中大量沉积。最终导致湖盆淤满，河水改道，湖泊变成了桑田，久负盛名的水泊梁山渐渐地消失了，只有美丽的东平湖，给人们留下了一点点遗憾中的慰藉。

四、微山湖

"西边的太阳快要落山了，微山湖上静悄悄，弹起我心爱的土琵琶，唱起那动人的歌谣……"每当我们听到这优美动听的歌声，脑海里就会浮现出铁道游击队员那矫健的身影和微山湖的美丽风光。

微山湖位于山东省南部与江苏的毗邻处，与独山、昭阳、南阳3湖相连，组成南四湖。

用烟波浩渺、水域辽阔来形容微山湖绝不为过。湖阔景更美，这里芦荡深幽，莲荷成片，白帆碧水，波光潋滟。湖岸上，花红柳绿，林木斑斓，鸟语虫鸣，渔村片片，真似人间仙境一般。

微山湖是个宝湖，湖中的物产极为丰富，仅经济鱼类就多达60多种，是山东最大的淡水渔场。湖中的虾蟹、贝类十分丰富，赶上好年景，可以收获近万吨。水生植物品种繁多，有芦苇、枯姜草、鸡头、菱角、莲子、莲藕等。每当秋色笼罩大地的时候，湖上呈现出一派繁忙的丰收景象。随处可见拉网捕鱼采莲摘菱的人们：小伙子的号子，姑娘们的歌声、笑声，随着轻波漾满湖面。在岸边的芦荡里，银镰飞舞，芦苇堆得像小山一样高。整个湖区，都沉浸在丰收的欢乐之中。

在微山湖天然的美丽景色中，最让人赏心悦目、流连忘返的是这里的万顷荷花。由于微山湖水较浅，最深处只有6米，所以比较适宜荷花生长。在这里小片荷花有0.067平方千米，大片则达66.67平方千米，真正是"接天莲叶无穷碧，映日荷花别样红"，这样的荷花壮景，在其他湖泊中是少见的。微山湖的荷花主要有红、白两种，红的似火如霞、热情奔放；白的清秀典雅、玉洁冰清。清朝康熙年间，名人隐士赵执信，来微山湖一游，被这湖光山色和满湖荷花所陶醉，作《微山湖中作》一诗："舟前水苍莽，湖上山横斜。湖中何所有？千顷秋荷花。山雨飒风来，风香浩无涯，移舟青红端，飘然凌绮霞。"传神地描绘了微山湖荷花盛开之际的绚丽景色。

在湖面广阔的微山湖中，有多个湖中岛，最大的就是微山岛。它坐落在湖的东南部，呈东西向展布，面积9平方千米。岛上有一著名的古墓，所葬之人是殷纣王同父异母的哥哥，名叫微子。微山岛、微山湖皆因岛上的微子墓而得名。商末时期，纣王昏庸无道，整日沉湎于酒色之中，微子忧国忧民，置个人名利于不顾，数谏纣王，但纣王非但听不进去，反而怀恨在心，微子愤而出走，来到微山岛隐居，死后就葬在了这里。微子墓高约10米，墓碑上有汉代名相匡衡题字："殷微子墓"。虽已年代久远，斑苔苍然，但四个遒劲的大字仍然依稀可辨。

微山湖是个富饶而美丽的地方，这里的地理特色和人文景观的交融，必将为它勾画出一个更好的明天。

第十二章 江苏省的湖泊

一、洪泽湖

洪泽湖在江苏省的西北部，位于淮河的中游，其外形好似一只昂首展翅的天鹅。水面浩瀚，面积为2069平方千米，是中国第四大淡水湖。

洪泽湖湖盆的前身是古代潟湖。由于新构造运动的断裂上升，以及泥沙的淤积和陆地的不断向海推进，潟湖退居内陆，并分化为无数小的湖泊，史书上有记载的有：破釜涧、白水塘、富陵塘、泥墩湖、方家湖及成子湖等，这些

洪泽湖的黄昏

湖泊多有水道相连。隋炀帝乘船游江南，路经破釜涧，时遇大雨，便把破釜涧改称为洪泽浦，洪泽湖之名由此转化而来。据历史记载，从公元1575～1855年的280年间，洪泽湖大堤曾决口140余次，每次决口，江苏里下河一带顿成"泽国"，特别是清康熙十九年（1680），在黄、淮两水的袭击下，古泗洲城沦于水下。京剧"虹桥赠珠"就是描写古泗洲城被洪水吞没的神话故事。

洪泽湖是淮河流域一大蓄水库。湖水全赖东岸大堤作为屏障，湖底比东部平原要高出4米～8米，是一个"悬湖"。洪泽湖大堤古称高家堰，建于东汉（约200），原为土堤，长15千米，几乎全用玄武岩的条石砌成，蜿蜒曲折有一百零八弯之说。远远望去，宛如一座横亘在湖边的水上长城。古堤目前正在申请世界文化遗产。自公元1194年黄河夺淮后，湖面扩大，堰堤作用越发显得重要。后经明永乐、万历年间数次修筑，土堤延伸至蒋坝，为现今洪泽湖大堤的雏形。明万历八年（1580），在大堤的北段

改用块石护坡，到清乾隆十六年（1751）才完成块石护坡，形成"堤堰有建瓴之势，城郡有釜底之形"。在大堤中并筑有仁、义、礼、智、信五个减水坝，备大水泄洪之用。这是中国劳动人民治水智慧的结晶。古堤目前正在申请世界文化遗产。

洪泽湖年平均水位为12.10米（蒋坝水位站），湖泊蓄水量达24.4亿立方米，水位年内变化幅度为1.24米～4.14米，湖泊平均水深仅1.35米，局部最大水深达4.75米。

注入洪泽湖的河流主要有淮河、潦潼河、濉河、安河和维桥河等，这些河流大多分布在湖的西部。在入湖各河流中，以淮河为最大，最大入湖水量为26500立方米/秒，是洪泽湖水量补给的主要来源。

新中国成立后，湖区人民经过几十年的奋斗，使洪泽湖的面貌发生了巨大的变化，沿湖先后建起了三河闸、二河闸及高良涧闸，并建成了蒋坝和高良涧两处船闸。此外，还全面整修了洪泽湖大堤，开

秀美恬静的湖水

挖了苏北灌溉总渠、二河和淮沭新河，形成了蓄泄兼筹的枢纽工程。现在的洪泽湖已变成为淮河下游的一大蓄水库，每年由灌溉总渠输出的水量达70亿立方米~140亿立方米，灌溉面积已扩大到120余万公顷。

洪泽湖水生生物资源丰富，湖内盛产梅鲚、银鱼、鲤鱼、鲫鱼、鳊鱼、蚰鱼、草鱼、青鱼、鲢鱼及乌鱼等，此外尚有虾、蟹、螺、蚌和鳖等。20世纪50年代洪泽湖水产最高年产量曾达2100万千克，现今的产量只有当时产量的一半。在鱼产量中，银鱼和梅鲚的产量扶摇直上，1969年梅鲚收购量为18.5万千克，1971年增至85万千克，1977年高达158.5万千克。

洪泽湖的水生植物以湖西分布较多，芦苇比较集中分布在淮河入湖尾闾的沙滩上，总面积约有4000公顷。所产芦苇除直接外运作为建筑材料和造纸工业的重要原料外，湖区不少乡镇还利用芦苇加工成芦席外运。此外，湖区还产芡实和莲子，1971年收购莲籽约4万千克。1953年三河闸建成前后，洪泽湖大型水生植物的分布有较大的变化。1953年以前不少湖面大型水生植物茂密，莲藕、芡实丰盛，有"鸡头（芡实）、菱角半年粮"之说，可见其产量之多。三河闸建成后，湖泊水位显著提高，不少洲滩被水所淹，大大地缩小了其分布的面积。目前除湖西尚茂密外，大部分湖面已成为开敞的水面了。

兴建水利设施，使洪泽湖的水产资源受到了一定的影响，但是水利方面的效益是巨大的。现在的问题是如何采取适当的补救措施，大力恢复和增殖水产资源，以达到综合利用湖泊的目的。

尽管如此，洪泽湖至今仍留下了许多怡人情怀的景点，主要有万顷碧波；墓园春晓；百里长堤；泄洪大闸；港坞帆樯；老君遗踪；明陵石刻；奠淮犀牛；镇水铁牛；龟山晚眺；临淮观日。如果有机会到此一游，美丽的洪泽湖一定会让你一饱眼福。

二、玄武湖

古城南京，是一座饱经历史沧桑的文化名城，坐落于古城中的玄武湖，更是一颗耀眼的明珠。

玄武湖位于南京市北部，与南京火车站仅一路之隔。湖水面积为3.7平方千米，全湖平均水深1.5米。玄武湖古称桑泊湖，亦称练湖、后湖、昆明湖和蒋陵湖。在大约距今1500年前，因见湖中有黑龙（鳄鱼一类动物）出现，改名为玄武湖。

玄武湖山秀水美，亭廊楼阁与绿树奇石相掩映，是人们休息赏景的好地方。当你漫步于玄武湖的湖光山色之中时，也许未曾想到，这里曾是刀光剑影、厮杀不休的古战场。

早在南北朝时，东魏降将侯景勾结肖正德谋反。公元548年，侯景率士卒8000人，战马数百匹抵近南京并侵占了外城。梁武帝只好退守玄武湖畔的台城。侯景将台城团团围住，日夜进攻，并命令军士引玄武湖水灌台城。顷刻间，台城街道被洪水淹没。当年11月，梁军奔袭前来救援台城，不料10万大军不敌侯景叛军，在玄武湖畔大败，最后仅剩4000人逃往镇江。梁军降将宋嶷献计侯景再用玄武湖水重淹台城。俗话说："水火无情"，只见台城门前湖水横流，城内弹尽粮绝，10万百姓只余1万，2万守军只剩4000。城内尸横遍野，一片哭声。第二年3月，叛军攻陷台城，玄武湖畔一片腥风血雨，古城陷入空前浩劫之中。

前日硝烟未散，后日战事又起。公元552年，梁征东将军王僧辩联合扬州刺史陈霸先杀了侯景，但二人在立谁为帝的问题上产生分歧，势不两立。公元555年9月27日，陈霸先从镇江突然发兵南京，向王僧辩发起进攻，双方开始对峙起来。次年6月，王僧辩派部下率兵十万进抵钟山，逼近玄武湖北，陈霸先则率军从覆舟山向东移动，与王军对垒。恰在此时，大雨连绵，数日不停，到处都泥泞不堪，王军日夜生活在泥水之中，苦不堪言，炉灶只有悬空才能煮饭，士兵的脚趾开始溃烂。而陈军驻扎的城中却没有进水，兵强粮足。6月12日清晨，陈军率先出击，双方投入兵力数十万，只见旌旗蔽日，杀声震天，战场上死伤无数，尸体竟遮住了镇江江面，王僧辩最终败北。

然后今天的玄武湖，却是美丽

平和的，抚今追昔，人们会更珍惜现在的美好生活。

三、莫愁湖

在我国著名的古城南京（古称金陵）西南的水西门外，有一个闻名遐迩的湖泊，叫莫愁湖，人称"金陵第一名胜"。

莫愁湖原名石城湖，湖水面积约0.3239平方千米公顷。据地质学家考证，此湖形成于北宋后期。由于南京是我国的古都之一，历代帝王将相在这里大兴土木，莫愁湖也自然被妆点得分外漂亮，水榭与亭台融为一体，花木与山水交相辉映。每到夏天，更有"接天莲叶无穷碧，映日荷花别样红。"的迷人景色，足见这金陵第一名胜的秀雅别致。

莫愁湖

关于莫愁湖名字的来历，有一段十分感人的故事。

莫愁湖是因莫愁女在此居住而得名。相传，莫愁原来家住河南洛阳，自小聪明伶俐。一家人辛勤劳作，过着非常幸福的生活。莫愁渐渐长大，出落得亭亭玉立，楚楚动人。然而，连续两年的天灾，使得莫愁一家吃了上顿没下顿。就在这时，她的老父亲又因病而死。孝顺的莫愁无钱为老人下葬，只好卖身葬父。有一位住在石城湖畔的卢员外，恰好经商来到洛阳，偶然遇到了莫愁卖身葬父，十分感动，遂帮助莫愁埋葬了父亲。莫愁不食前言，执意跟随卢员外来到了石城湖边。卢员外看到莫愁不但面容姣美，而且心地善良刚烈，对莫愁像对女儿一样的珍爱。在莫愁15岁那年，卢员外让自己的儿子娶莫愁为妻。婚后，小两口恩恩爱爱，第二年生了一个胖小子，生活过得像蜜一样甜。

天有不测风云，平静的生活被边疆爆发的一场战争给搅乱了，莫愁的丈夫应征戍边，开赴疆场，一去十年，杳无音信。莫愁终日思念丈夫，内心承受着巨大的痛苦。但是，刚强的她把愁苦压在心底，不但用心照料公婆和儿子，而且经常为别人分忧。她常常用自己的钱接济有困难的乡邻，为穷苦人采药治病。有人对她的做法不理解，她却说：“我知道咱穷苦人遇到难处的滋味。”

莫愁女虽然深受乡邻们的爱戴，但也有一些地痞无赖在暗暗地算计她。经常有不三不四的人到她家中无理取闹，想占便宜，但每一次都遭到莫愁的严厉斥责。明的不行，就来暗的。这些恶人们无中生有，用极其卑劣的手段对莫愁进行诬陷和迫害，说她有偷窃行为，说她与几个男人有私情，一时间，传得沸沸扬扬，满城风雨。甚至连莫愁帮助过的人也信以为真，开始躲着她。一个弱女子，再也忍受不了这种无端的凌辱，终于走上绝路，投湖自尽了。

后来，人们为了纪念她，把石城湖改名为莫愁湖。

四、太湖

太湖古名震泽，又称五湖、笠泽，位于广阔的长江三角洲南侧坦荡的太湖平原上。湖泊面积2427平方千米，除去湖中51个大小不等的岛屿，实际水域面积为2338平方千米，是我国五大淡水湖之一。

太湖所在的长江三角洲，原是长江入海口处的一个三角形大海湾，靠海一侧的敞口端宽达180千米，奔腾不息的滚滚长江水每年从内陆带来的泥沙达4.8亿吨，进入长江口后，由于河床的坡度在近海处极其平缓，江面宽展，水的流速降低，挟带物在这里大量沉淀，三角洲的表面不断加高。海湾虽然在变浅，海潮仍然年复一年、日复一日地将泥沙向回推送着。大约在5000年前，终于在太湖南侧筑起了一道沙堤，并逐渐将沙堤以内用泥沙围成潟湖，进而演变形成了今天的太湖。于是，有人说太湖是大海的儿子。

由于太湖是一个吞吐湖，湖水来源于苏皖交界的茅山山脉，再经吴淞江、黄浦江汇入长江，最终入海。所以，太湖早已脱胎换骨，离开了海洋母亲，成为内陆淡水湖泊了。

太湖水碧波万顷、气势恢宏，

与一般湖泊比，太湖具有更大的气魄，有一种不带雕琢的自然美。湖中大小不同的51个岛屿，连同沿岸山峰，通称72峰，构成了一幅重峦叠嶂、湖山相映、山重水复、山环水抱的美丽画卷。沿湖各处，园林幽雅，古迹众多，亭台楼阁，诗情画意。僻静处是小桥流水，喧闹处是船上人家，形成了闻名中外的太湖风景区。

在太湖北侧无锡市附近，有一个蠡湖，又名五里湖，是太湖的一个内湖，此湖因春秋末年越国大夫范蠡助勾践灭吴后，曾与美女西施一起泛舟于此而得名。蠡湖的东北岸，有一座江南著名园林蠡园。园内景致纤巧，艺夺天工。园中的亭、廊、堤都是依水而建，十分别致。20世纪初，这里建有"梅埠香雪""曲渊观鱼""东瀛佳色""枫台顾曲"等八景，后来又建了水上千步长廊，使园林更添秀丽景色。

从蠡湖向西，太湖之滨的充山南端，有一奇异的巨石突入湖中，人称鼋头渚。这是一处天然风景并加以人工修饰的名胜，依山傍水，

太湖远景

视野开阔。登上鼋头，碧波万顷的太湖景色尽收眼底，远处青峰隐现，湖上白帆点点，青山绿水，美不胜收。郭沫若先生曾经发出过这样的赞叹："太湖佳绝处，毕竟在鼋头。"

太湖流域在春秋时代曾是吴、越两国逐鹿之地。公元前496年，吴王阖闾率军攻打越国，交战于携李。越王勾践利用吴军的疏忽，发动偷袭，一举打败了吴军。阖闾身负重伤，死于回军途中。他的儿子夫差继承了王位，不忘国耻家仇，积极备战。经过两年的准备后，终于在夫椒打败勾践，并接受了勾践的求和，越国亡，成为吴国的属国。越王勾践将仇恨深埋在心底，发誓要兴越灭吴，经过十多年卧薪尝胆，等待机会，终于在吴王夫差

浩瀚的太湖湖面

北上会盟之时，以精兵五万袭吴，取得了胜利。此后吴、越两国又多次交锋，越国越战越强，在公元前473年再一次大破吴军，夫差被越军围困在姑苏山上，求和不得，羞愧交集而自刎。吴国的最终灭亡，使太湖流域成为越国的属地。后来勾践又西征楚，北伐齐，一度成为春秋霸主，号令诸侯。太湖流域成为当时名震全国的地方。

五、瘦西湖

瘦西湖位于扬州市西北部。湖的前身为历代开挖的城河，自唐以来不断演变而成，所以，这是一个人工湖。在清代以前已成为城西北有名的风景区。清乾隆时，改称长春湖。后来，因湖在扬州城之西，就有西湖之称。由于它和杭州西湖相比，另有一种清瘦秀丽的特色，因称瘦西湖。

瘦西湖自古以来为扬州游览胜地，以自然景物见胜，加上历代劳动人民的改造和长时期的建筑积累，逐步形成了风光明媚的风景区。

瘦西湖由河道演变而来，故湖身呈屈曲的长条形。湖的范围，南自虹桥，北至平山堂蜀岗下，长近5千米，湖水与城河、潮河相接，通大运河。湖身窈窕曲折，水色碧绿，虽无五湖的浩荡，却有西子的娇媚。到了清乾隆以后又被刻意经营，使瘦西湖风景区兼有北方之雄浑与南方之秀丽。

瘦西湖风景区内，亭榭满园，虹桥错列，绿杨盈堤，花木疏秀。其中，最为游人所乐意前往观览之处，有虹桥、徐园、小金山、钓鱼台、白塔、五亭桥和新近落成的二十四桥等景点。

虹桥，横跨于瘦西湖南口，初名红桥，始建于明崇祯年间，原为木构，围以红栏，清乾隆时改建为石桥，如同卧虹于波，改称虹桥。虹桥在近些年又经过拓宽垫平，扩建为三拱洞石桥，形式更为壮观。

自虹桥西脚下起，北至徐园，此段名为长堤春柳，沿着瘦西湖岸，桃柳夹道。徐园位于瘦西湖畔，长堤的北端。这里是清乾隆时名园"桃花坞"的旧址，遥想当年，满目桃林，春花喷霞，别有一番风情。如今虽然没有桃坞，却有一座小巧精致、古色古香的园林。

徐园之门，形如满月，门额上嵌草书"徐园"二字，为吉亮工手书。门前一对石狮子，直对长堤。园内荷池中盛开的莲花娇艳欲滴，池的东侧与湖水相通。池西侧用卵石铺径，贴墙翠竹森森，摇曳生姿。池南侧为徐园正厅，名曰听鹂馆，取鹂鸣翠柳，柳浪闻莺之意。听鹂馆内陈列着字画印章和古董家具。馆前有两只直径2米多，厚约10厘米，高与人肩齐的大铁镬，据传是南北朝萧梁时的镇水遗物，已有1400多年的历史。镬座系太湖石砌成，位置天然。镬内夏种荷花，绿叶田田；秋置丛菊，花气袭人，堪称瘦西湖的盆景奇观。

小金山位于花坞之北，有红栏桥相通。小金山之西头，有一短堤伸入湖中，西端有一亭子，就是有名的吹台。这座方亭临湖的南、西、北三面都有圆洞门。亭前湖面广阔，与对岸的莲性寺白塔、五亭桥隔水相望。

莲性寺白塔建于湖的南边，在造型上模仿北京北海琼岛的白塔，富有美感，代表北方园林气势雄浑的风格。

五亭桥在莲性寺之侧，跨于瘦西湖上。这是一座很别致的拱形石桥，它建于清乾隆二十二年（1757）。在长约35米，宽约10米的桥身上，矗立着五座亭子，中间一亭最高，南北各亭互相对称，拱出主亭。桥下纵横有十五个洞，皆可通船。据说皓月东升时，洞洞都能看到月亮，倒映在湖面上则是金波荡漾，众月争辉，可与杭州西湖的三潭印月相媲美。

在桥上平远眺望，春花秋月，夏雨冬雪，景色常新。湖光浩渺，四季佳丽。全湖佳景，尽收眼底。瘦西湖丰富独特的自然景观令人陶醉之余，更加使人流连忘返。

第十三章 安徽省的湖泊

◉ ◉ ◉ ◉　◉ ◉ ◉ ◉ ◉ ◉

巢湖

巢湖位于安徽省的中部，湖形似一两角状的菱，面积为753平方千米，湖泊蓄水量为18亿立方米，是我国第五大淡水湖。水面有2/3属于居巢区管辖，其余1/3为肥东、肥西及庐江三县所辖。

巢湖地区在距今1000万年以前的第三纪时，是一个面积辽阔的构造盆地。喜马拉雅运动对本区有一定的影响，沿构造断裂带有安山岩系喷发，局部地方还有辉长岩侵入和玄武岩喷发。第四纪初由于受到气候变迁及新构造运动的影响，构造盆地上升成剥蚀区，同时形成红

巢湖风光

层剥蚀面。第四纪中期，构造盆地下沉，成为附近山地的集水洼地，然后汇水成为一大水体。

湖区气候温暖，年平均气温变化在15.5℃～16.3℃，年平均降水量为1000毫米左右。湖区因受到湖泊的调节，与同纬度远离湖泊的地方相比，霜期减少了10～25天，冰冻日少4～11天，年平均气温大致要高出0.8℃～1.4℃。

巢湖年平均水位为8.02米（巢湖闸水位站，黄海基面），年内最大水位变幅为4.56米（1969），最小水位变幅为1.44米（1966），地表径流的年补给水量一般为10亿立方米～30亿立方米，最大年补给水量为51亿立方米（1954），湖泊泥沙年淤积量为14万吨～142万吨。巢湖湖水比较混浊，透明度一般变化在0.15米～0.25米之间，湖泊多年平均水温为16.1℃。一般年份的冬季，均有岸冰出现，严寒的冬季，也会出现全湖封冻的现象。1954年冬季，日平均气温在0℃持续达55天之久，全湖封冻，冰厚达30厘米～40厘米，封冻期为50天，人可履冰而行。巢湖湖流较弱，流速一般介于0.02米／秒～0.07米／秒之间。

入湖河流呈向心状的分布。

巢湖晚景

清幽的湖光山色

河流源近流短，区内地势起伏不平，加速了雨洪径流的汇流过程，使河川的径流量呈现急剧变化，具有山溪性河流的特点。巢湖流域的水系分布很不对称，杭埠河、丰乐河、派河、南淝河、店埠河、柘皋河、炯炀河等河流来自西部及北部的山地，其中以杭埠河、丰乐河、南淝河为巢河水系的主流，约占整个巢湖流域面积的70%。南部的河流更短，水量也少，有石山河、谷盛河、盛家河、槐林河及兆河等。巢湖水系之水从南、西、北三面汇入湖内，然后经巢湖闸出湖，顺裕溪河向东南流至裕溪口而注入长江。

裕溪河为巢湖与长江的进出通道，全长46千米。1960年在巢县(今居巢区)西南的巢湖出口处建成了巢湖闸，1967年5月在离裕溪河口4千米处还建成了裕溪闸枢纽工程，包括节制闸、船闸和鱼道等。巢湖闸与裕溪闸组成了巢湖、裕溪河梯级水利枢纽，使巢湖流域14.7万公顷低圩农田免受长江洪水的威胁，提高了圩区排涝标准，并初步解决了沿湖丘陵地区21.9万公顷耕地灌溉的水源。同时，由于保持一定的水深，使巢湖包括裕溪河的入江航道能够常年通航。

巢湖主要的经济鱼类有梅鲚、银鱼、鲌鱼、鲤鱼、鲫鱼，鳊鱼、青鱼、草鱼、鲢鱼、鳙鱼等，鱼产量变化较大。1952年年产量为400万千克，1958～1959年下降为300万千克。此后，年产量变化在50万千克～250万千克之间，且以梅鲚为大宗。巢湖闸和裕溪闸的建成，对促进农业生产和交通运输起了很大作用，但也隔断了洄游性和半洄游性鱼类以及河蟹的洄游通道，使巢湖鱼产量下降。1972年在裕溪闸建成了鱼道，并进行了人工放流，才促使水产资源有所恢复。

第十四章 浙江省的湖泊

◉ ◉ ◉ ◉ ◉　◉ ◉ ◉ ◉ ◉ ◉

一、西湖

"上有天堂，下有苏杭"，说的是苏杭美景盖世无双，而在这无与伦比的美景中，杭州西湖更是以它那秀丽的景色名传天下。关于西湖的来历，有许多神话传说。相传在很久以前，龙王和凤母的两个孩子玉龙和金凤在银河的仙岛上玩耍时，拣到了一块未经雕琢的玉石，十分好看。他们在一起琢磨了许多年，终于把玉石磨成了一颗灿烂的明珠。这是一颗神奇的玉明，它的珠光照到哪里，哪里就会出现树木常青、百花盛开的神奇景色。消息传到天宫，王母娘娘甚感好奇，于是派天兵天将把明珠抢到了天宫。玉龙和金凤失去了心爱的明珠，十分难过。他们急切地奔向天宫，向王母娘娘索要。王母娘娘不愿归

还，双方便你抢我夺地争执起来。争抢中，明珠从手中脱落，直向人间掉去，变成了波光粼粼的西湖，随珠而落的玉龙和金凤，则变成守护在湖边的玉龙山（即玉皇山）和凤凰山。

美丽的传说为漂亮的西湖增添了一缕神秘的色彩。其实，西湖并非丽质天成。在久远的过去，杭州附近几乎到处被海水所覆盖，只有群山呈马蹄形分布在现在的杭州市周围，开口面向东北。这个完整的海峡像人的胸膛和双臂，把一湾浅海环抱在两臂之间。后来，经过漫长的地质作用，来自古钱塘江中的泥沙渐渐地把湾口大部分堵塞。当涨大潮时，海水漫过沙堤进入湾里，海水退去后，只有沙堤一侧的小豁口把少量海水返流回大海。后来，随着时间的推移，洋壳缓慢地

下降，陆壳缓慢地上升，海水渐渐退出并远离西湖，它便成了一个美丽的内陆湖。尽管如此，我们仍然可以从杭州湾和钱塘江的身影中看到西湖旧时的模样。

西湖美，不仅美在湖光山色，更美在西湖悠久历史带来的传奇故事的余韵。

"断桥残雪"是西湖著名的景点之一，提起它，人们就会想起许仙和白娘子在断桥相遇的故事。关于断桥，还有一个谜，那就是"断桥不断"。

西湖断桥是白堤的起点，是一座独孔环洞桥，两侧栏杆用青石雕成，远远望去，势若长虹。每当秋去冬来，人们在桥上信步赏雪，只见远山近水，银装素裹，分外妖娆。然而，令人不解的是，断桥实际并不断，但为什么称为断桥呢？原来，断桥的名字起于宋代。当时的断桥顶端曾有一个木质跨桥亭，当冬天白雪铺桥的时候，桥上的跨桥亭处没有雪，远远望去，就像桥断了一般，因此称之为"断桥"，所以"断桥不断"便成了西湖一怪。如今，桥上的亭子早已没有了，但"断桥"这一景点名称却沿袭下来了。

"长桥不长"是西湖的另一怪。在西湖的南侧，有一座看起来很一般的小桥，全长不足5米，却

西湖美景

被冠名为"长桥",让人们难解其意。有人解释说,这座小桥旁原来有一个亭子,梁山伯与祝英台的十里长亭相送就在这里。据说当时梁山伯送祝英台过桥后,祝英台依恋不舍,再送梁山伯返过桥。如此送来送去,竟然往返了18次,短桥便成了"长桥"。

其实,长桥原本是名副其实的长桥,长1000米左右。这座桥的由长变短,真实地反映了西湖由大变小的演变过程。在宋代以前,西湖水面辽阔,面积比现在大得多,现在的花港观鱼等处都是湖面。从西湖东南储水下来的河水,分三个渠道从长桥下流出。长桥以南都是浩渺的湖面,碧波万顷的湖水直达玉皇山下。当时的长桥,用巨石砌成,桥下有水闸,桥上有亭子,雄伟壮观,十分气派。后来随着湖泊的不断淤积缩小,长桥也逐渐一段段被废弃,直到现在仅剩5米左右了。西湖美景举世闻名,533公顷的湖区孤山耸立,犹如点缀在湖面上的绿色花冠。苏堤、白堤柳绿花红,像两条缎带系在湖面。三潭印月、湖心亭、阮公墩三个小岛鼎立

湖心,别具一格。诱人的景色不胜枚举。可以说,西湖处处是美景。迥然不同的各个景点,为古老的西湖增添了绚丽的风采。

二、千岛湖

千岛湖水域面积567.4平方千米,比杭州西湖大108倍,蓄水量178亿立方米,相当于3184个西湖。当按设计要求蓄满湖水时,湖中有大小岛屿1078个,故称千岛湖。

千岛湖山清水秀,是旅游的好地方。这里的人文景观,让人流连忘返,回味无穷。

相传,海瑞曾在新安江畔的淳安当知县。一次,按皇上圣旨,皇太子将乘船到新安江游览,命海瑞派百姓去给太子的龙船拉纤。海瑞心想,眼下乡亲们都在忙春耕,哪有工夫去拉纤。可是圣旨不可违呀,最后,海瑞带着衙役亲自去给皇太子拉纤。龙船巨大,又是顶风逆水,每走一步都十分艰难。海瑞的肩被纤绳磨破了,就用朝笏顶着背纤,脚底被石头戳破了,鲜血染红了江水。此情此景,令百姓万分感动,纷纷前来拉纤,就连江里的

千岛湖旅游胜地

鱼都过来帮忙，用嘴顶着船逆流而上。那些带头的鱼就这样被海瑞的血染红了。皇太子在船上玩得高兴，可海瑞和百姓们的心里在流血啊。海瑞看到皇上如此不顾百姓死活，只管自己吃喝玩乐，干脆罢官回乡了。

海瑞死后，百姓们深深地怀念他，在龙山脚下建造了一座海瑞庙。可是，新安江里那些被海瑞的血染红的鱼，还游动在海瑞拉纤的路线上，想再帮海瑞推船。所以每年春天，当鱼群到来的时候，捕上来的鱼里面总会有几条浑身金红色的大鲢鱼。渔民们总是小心地把它们重新放回江里，说它们是带头鱼。

故事虽然带有神话色彩，却表达了人们对清官海瑞的敬佩和思念。

千岛湖近景

千岛湖远景

那么红色的带头鱼是怎么回事呢？

在鲢鱼中有一种浑身红色的血鲢，数量很少，千岛湖中的带头鱼就是血鲢。鱼类在水中生活都有集群的习性，而群鱼中往往是大鱼带头。由于当地渔民总是把捕到的血鲢重新放回去，所以，它们渐渐长成大鱼，也自然成为"带头"鱼了。

三、嘉兴南湖

嘉兴南湖与杭州西湖、绍兴东湖合称浙江三大名湖。它位于嘉兴市南面。南湖因有东西两湖相连似鸳鸯交颈，所以又称鸳鸯湖。

南湖原来是个被海水淹没的地方，由于长江和钱塘江携带大量泥沙的沉积，陆地不断延伸，海水逐渐退出，变为洼地，后来由于运河各渠流水不断注入而形成湖泊。

现在，南湖上承长水塘和海盐塘，下泄于平湖塘和长纤塘，流注于黄浦江。

南湖完全形成的时期，大约是在2000多年前的汉代。南湖在三国时期称陆渭池，到唐代才改名为南湖。南湖刚形成时面积辽阔，比现在的湖面大两三倍。到元代以后，由于湖滨泥沙淤积和历代城市的发展，水域面积日渐缩小。今日的南湖，面积仅0.98平方千米，水深2米～5米。南湖四周，地势低平，河港纵横，桑田连绵，风光明媚。湖中有两个岛屿，一称湖心岛，南北长100多米，岛上有著名的烟雨楼等名胜古迹，与湖心岛一衣带水的小洲，上有仓圣祠。

南湖一向以风景秀美而闻名遐迩。它虽不及杭州西湖的浓艳纤丽，也没有太湖"包容吴越"的壮阔气势，却也秀姿天成，自有一番动人的气韵。清朝喜爱游山玩水的乾隆皇帝，曾六次驻跸南湖。

湖心岛上的烟雨楼是江南有名的园林，始建于五代，即公元940年前后，元末，楼毁于兵火。至明嘉靖二十七年（1548），嘉兴知府赵瀛征民工修浚城河时，运土于南湖之中堆成小岛。第二年，仿烟雨楼旧制，在岛上建楼，从此烟雨楼从湖滨移到了湖心。它四面临水，水木清华，晨烟暮雨，景色如画。万历十年（1582），知府龚勉又在烟雨楼附近增筑亭榭，南面筑台为钓鳌矶，北面拓放生池，称"鱼乐国"。从此，这里被称为"小瀛州"。

烟雨楼外观雄伟壮丽，登楼眺景，四时皆宜。雨气寒凝、烟云迷漫之时，尤有情致。游人均为烟雨楼的美景所陶醉，流连忘返。

烟雨楼自五代至今已有1000多年的历史，楼内保存有历代文人学士留下的碑石50多种，具有相当高的文物价值。在鉴亭外壁，有宋代大书法家米芾的诗碑。

在宝梅亭内，有元代吴镇的画竹碑石并诗。楼内还有清代彭玉麟老干横枝的梅花石刻和题诗。烟雨楼后院，假山耸峙，遍植花木，环境清幽。高大的槐树，亭亭如盖。两株桂花树，浓香扑鼻，香远益清。

湖心岛东南岸，停泊着一只长16米，宽3米的游船，这是根据中共"一大"开会用过的游艇仿制的纪念船。

南湖的水产资源十分丰富，除了盛产各种鱼类外，特产南湖菱远近驰名。南湖菱以无角为特征，壳薄肉嫩，是菱中上品，清朝曾列为贡品。

游览南湖，既可享受湖光山色之美，又可观赏古代文化之胜，游人在此可以大饱眼福。

四、绍兴东湖

绍兴东湖位于绍兴市五云门外约3千米处，为浙江三大名湖之一。

绍兴，地处杭州湾钱塘江南岸，宁绍平原西部。会稽山脉绵延西南，江河湖泊萦带东北，白水翠岩，山川清俊灵秀，素以景色奇丽著称。自古就有"山阴道上行，如在镜中游"的赞誉。

东湖早先并不是湖，而是一座青石山。山上青石坚硬，石质优良，从汉代开始，就成了采石场，到隋朝，因扩建绍兴城，在山上取石。此后千百年间，一代又一代石工长年累月，从山崖上采下成片成片的石料来，终于把这座青石山的北坡，开凿成奇特的悬崖峭壁，低洼处形成幽深的水塘，被掏空的山腹形成洞穴。到了清朝末年，士绅陶溶宣在塘外筑堤数百丈，堤外为河，堤内为湖。堤上种植柳树、桃花，并兴修亭榭点缀其间，一个美丽的湖泊宛然显现。因湖在城东，遂名之东湖。东湖长约200米，宽约80米，小巧玲珑，曲折多姿。

湖中有洞，洞里是湖，波依峭壁，山水环抱，湖洞相连。这些是绍兴东湖最大的景观特色。

湖岸是青石板铺成的石径，曲折有致的长堤和秦桥、霞川两座构筑古朴的石桥将湖面剪为三片。绿水逶迤，幽深而空旷。小巧的乌篷船，头戴黑色毡帽的船工，与这山水湖石共同构成了一幅具有浓郁地方色彩的明丽图画。

随乌篷船缓缓进入陶公洞，冷气扑面而来。洞中水色黛碧澄澈，轻轻耳语或用手拨水，即引起嗡嗡不断地回声。仰首望天，四面均被百尺岩壁所包围，一线天光从顶端射入幽暗的洞中，人在洞中，其乐无穷！

与陶公洞相邻的仙桃洞，洞内水深16米，岩壁高45米。举目仰望，峰陡天高。屏息谛听从石缝中渗出的水珠滴落湖中的清脆响声，恍惚置身于一个迷人的神秘世界。偶有碎石落湖，激溅涟漪，荡漾回声，平添情趣。由于洞穴内从不见阳光，因此盛夏入内凉气袭人，爽如清秋。

舍舟系缆，拾级登上抱洞环湖的绕门山，从山顶俯瞰东湖，见峭壁奇岩，突兀峥嵘；山水相融处，洞窍盘错；湖畔有香积亭、饮渌亭、听湫亭等，翠堤朱亭，相映成趣。

东湖融天然美与人工美于一体，和谐的湖光水色，越来越得到人们的赏识。

第十五章 江西省的湖泊

鄱阳湖

在我们伟大祖国的土地上，最为引人注目的就是那条横贯神州大地、气势恢宏的长江。它蜿蜒曲折，犹如一条绿色的飘带。在它的中下游交界处，系挂着一只南宽北狭的巨大宝葫芦，纵卧在长江南岸、江西省北部。这就是我国最大的淡水湖——鄱阳湖。

鄱阳湖碧波万顷，水天相连，湖泊面积为3150平方千米。上游承纳了赣江、抚河等5条河流的入水，下游以一个出口注水入长江，

鄱阳湖风光

整个湖区在广大的范围内与错综的水网相连，构成了独特的鄱阳湖水系。

鄱阳湖在成因上属构造湖盆。在大约7000万年前，该地区由于强烈的地壳运动形成了两条大断裂带，断裂之间的岩块逐渐陷落形成一个广阔的洼地，并积水成湖。当时的鄱阳湖，面积是现在鄱阳湖的两倍，后来随着泥沙的不断淤积，湖面逐渐缩小。

经历了漫长的历史变迁。鄱阳湖一带的历史现象已被载入我国古代文明的史册。在众多的古迹当中，"悬棺葬"最为引人注目。

我国的传统丧葬文化习俗不同，在鄱阳湖水系的许多地方，古时盛行将棺椁置于陡峭的山崖上，山崖脚下大多有流水。这种安葬方式，俗称为"悬棺葬"。

"悬棺"所置放的地方一般都是悬崖峭壁。那么，悬棺是怎样运上去的呢？这是对悬棺研究中的一个未解之谜。1989年6月13日，在江西贵溪，由上海同济大学和美国加州大学圣地亚哥分校中国研究中心等单位的科学家共同合作，采用仿古工具和方法，将一具棺木成功地吊入了崖上的洞穴中，使2000多年前升置悬棺的奇观再现，千古之谜终被解开。

试验中先由4人绕道上山，在一颗粗大的树木上绑一根吊有定向滑轮的绳索，放到洞口上方约30米处，再将另一根绳索穿过滑轮，一头拴在洞口下方的棺木上，另一头连着绞车。随着绞车的转动，棺木离船慢慢上升，当棺木升到洞口时，先前从山顶吊下进入洞中的2

夕阳映照下的鄱阳湖

人慢慢将其牵引到洞中，完成悬棺的安放。

　　鄱阳湖不仅以其饱经沧桑、史迹众多而闻名于世，更令人神往的是它那美丽的湖光山色。在近4000平方千米的浩瀚水面上，碧波荡漾，风景绮丽。蓝天下，微波起伏的湖面上白帆点点。夜幕中，湖岸传来阵阵悠扬的渔歌。每当天上的星星在湖中眨着灵秀的眼睛时，在点着汽灯的渔船上，老渔民会一边喝着白干，吃着鄱阳湖的清炖鲤鱼，一边向你讲述鄱阳湖的动人故事。

　　在鄱阳湖下游离长江不远的湖中，有一座奇特的石岛，名叫大孤山。这座石岛外形十分特殊，整个岛的轮廓是长条状的浑圆形，中

风景秀丽的洪湖

夕阳晚照的鄱阳湖

间部位略微凹进，而且一头高一头低，远远望去，就像一只大鞋漂浮在湖面上，所以人们给它起名为"鞋山"。鞋山突出于湖面80多米，四周岩壁直立，十分险峻。山上绿树葱茏，繁花似锦，参天的古树中掩映着一座古庙，每日里晨钟暮鼓，余音袅袅，仿佛是一处人间仙境。

关于鞋山的来历，有一个美丽的传说。

在很久以前，天宫中有一位玉女，由于天性活泼好动，经常惹出一些是非来。因为触怒了王母娘娘，被关在天宫中一个偏殿里永远不许出来。一天，玉女趁天兵疏忽，偷偷溜了出来，下凡到鄱阳湖畔。她在湖边认识了一位淳朴善良的年轻渔民，两人相爱成婚，过着美满幸福的生活。不料，当地渔霸知道了此事，欲抢走玉女占为己有。就在这时，天宫派来寻找玉女的天兵天将也来到这里，不容分说就带着玉女返回了天上。渔霸以为是渔民坏了他的好事，便带领家丁欲加害渔民。玉女为了保护她的夫君，情急之中脱下一只绣花鞋抛了下来，压住了渔霸一伙。从此，绣花鞋便成了今天的鞋山。

其实，鞋山的形成是大自然的杰作。在湖水蓄积到湖区的时候，鞋山就受到湖浪的侵蚀。在距今约100万年前的第四纪更新世，鄱阳湖区及湖西的庐山出现了大量冰川，携带着坚硬砾石的冰体以极强大的力量像锉刀一样切削着鞋山。冰川退去后，又有湖水的进一步修饰加工。经过漫长岁月的地质作用，鞋山才变成了今天的样子。

在鄱阳湖区，虽然有许多美丽的景色，但也并不是每个地方都美丽宜人，秀色可餐。

在北湖区与南湖区的连接处，有一个地方叫左里。南、北湖面都在这里开始紧缩，形成了宽仅3千米的狭窄泊面。从地图上看去，它就像一只葫芦的中腰，地理位置十分险要。每年冬天，偏北风盛行，由于狭管效应，使湖面上刮起强力大风。1985年8月初，一次极强的龙卷风，把一条船卷起10多米高，又突然抛落下来，船立刻摔成了碎片。人们形容左里是"无风三尺浪，有风浪滔天"，群众称这一带水域为"魔三角""鬼门关"。相传在元代时，这里有一只巨鼋，经常兴风作浪，掀翻船只。人们为求平安，在左里山建了一座老爷庙，船过此地，均须烧香拜佛，祈求平安，古老的传说更增添了这里神秘的色彩。

鄱阳湖还是古代兵家的必争之地。在三国时期，东吴的三军统帅，大都督周瑜就曾在湖上操练水军。在元末农民起义时，陈友谅和朱元璋在左里展开了鄱阳湖大战。当时，陈军号称60万，在湖面上连舟为阵，绵亘2500千米。朱军仅20万，乘坐小船。混战中，朱元璋节节败退，被陈友谅穷追不舍，后得渔夫相助，方才脱离险境。经此败绩，朱元璋心生一计，派兵士在湖面上乘风纵火，顷刻间湖水尽赤，烧得陈军大乱，死伤无数。至此，双方形成了对峙局面。后来陈军粮尽，遭朱军前后夹击，陈友谅于战中阵亡，朱元璋获得了全胜，为他占有江南、夺取全国奠定了基础。

朱元璋没有忘记自己在鄱阳湖大难不死的经历，在登基后赐老爷庙为"元将军庙"，并在山崖上手书"水面天心"四个字，以抒发胜者豪情。此石刻至今犹存，成为湖上名胜。

第十六章 湖北省的湖泊

一、双潭

在湖北省洪湖市双潭村，有一个古老的水潭，原名叫黑沙潭，后因村名而改为"双潭"。双潭原是长江溃堤的一个冲坑，面积约有6.7公顷，由于人们在池水处筑起了堤坝，才成为一个与其他水体不相连通的内陆潭。据说至今已有700多年的历史了。

1992年7月，中国科学院水生生物研究所接到报告，双潭出现奇怪的生物。研究所随即派出了一个由3人组成的探怪小组赶赴现场调查。

早在1969年夏天，双潭地区暴雨成灾，村民黄山树担心洪水冲入村庄，便就把自家装有财物的坛子拿到双潭岸边一个高地上掩埋。当他转身准备回村时，突然看到朦胧的水面上翻起浪花，接着，出现一个小船般大小的东西在潭内缓缓移动。他走近细看，见是一个体形硕大，呈弧形，看不见头尾的怪物在水里游动。约半小时后不见踪影。当时，黄山树有生以来第一次见到如此怪物，以为遇到了民间传说的"水鬼"，自认晦气，没敢对外宣传。

1982年7月的一天晚上，村民王华民在潭中拉网捕鱼，忽然发现潭东南方向岸边出现一个有箩筐粗、形状如蛇头一样的乌黑色怪物露出水面约1米高，正快速向小船游来，吓得他丢下渔网，急忙逃回了家。

令人奇怪的是，每当湖怪出现的年头，潭中放养的鱼苗就没有收获，于是村民决心弄个水落石出。村民组织了30多台抽水机想排干潭水，可是抽了三天三夜，水位下降了3米后，就再也退不下去了。

"双潭水怪"的栖身之地，其水面面积只有10多公顷。它距长江直线距离约2000米，距洪湖约40千米。双潭是600年前长江溃堤堵口后形成的一个既不通江，也不连湖的水体。至于双潭水抽不干的原因，则是因为双潭的水底有地下水眼和长江相通联，长江水压大，一旦双潭水位降低，长江水会从地下通过水眼压入双潭，这也是有的水下摄影所能拍到的大小水坑洞了。

双潭水底最深处只有14米，没有茂密的水草，鱼类一般都由村民人工放养，数量也不多，根据食物链的结构看，双潭根本就没有能力满足一个大"水怪"的胃口。如果真有"水怪"，这么多年来，水怪也不会几年才吃一次食物。双潭周围紧邻的村舍和村民也很有可能早已遭到饿极了的"水怪"的袭击。

双潭属于远古的云梦泽地区，但是在清朝末年的时候，随着周围人口的增加和对云梦泽的深度围垦，这里的生态环境遭到了破坏，造成了大量古生物品种的灭绝。比如，以前曾生活在江汉平原的扬子鳄，泽地环境破坏后就迁往太湖流域的东边，湖北境内再无踪迹可循。

在双潭的所有"水怪"报告中，尽管"水怪"形态各不相同，但目击过程却十分相似，都是在夜间或清晨能见度不好的条件下看到的，而且距离都很远，从没有人近距离观察过"水怪"，也没有人能出示现场照片和声像资料。

专家认为，"水怪"的目击者，道听途说的很多，而真正的目击者往往很难确定他到底看到了什么。在潜意识中知道双潭"水怪"的传闻下，很容易产生主观臆断。水潭中漂浮的树、饮水的水牛都可能引起目击者错误的判断。

但为何当地村民一而再再而三的称他们发现了"水怪"，专家认为，除了背架直径可达1米的大鳖之外，很可能是深埋在湖底的烂木头，遇到水下沼气泛上湖面的时候，乍看起来就像个动物活体一样，几经传说就成了"水怪"。

经过实地考察和科学分析，专家已经否定了"水怪"的存在。但是一次又一次的"水怪"传说，却使洪湖的双潭村一次又一次成为新闻的焦点,更为它迎来了数万名游客和相应的经济效益。

二、武汉东湖

东湖是一个湖面广阔、山明水秀的风景区。东湖风景区的范围为73平方千米。其中,湖面约为33平方千米,是杭州西湖的5倍多。

东湖,碧波万顷,湖岸曲折参差,港汉交错,素有99湾之称。湖的南面层峦叠翠;湖东丘岗绵延。湖的北部地势平坦,渔舍井然;西岸为游览中心,建有水云乡,濒湖画廊、屈原纪念馆、长天楼等,亭台楼阁,园林花圃,争芳竞艳,置身于湖光山色之中。

东湖由郭郑湖、汤菱湖、小潭湖、雁窝等湖组成,并通过沙湖港、青山港与沙湖、杨春湖、戴家湖等相连,构成一个小型湖泊水系。东湖水系全流域面积约为190平方千米。东湖原为敞水湖,通过青山港与长江连接在一起。湖水夏涨冬枯,基本上受长江水位涨落的制约。自青山港建闸后,东湖由天然湖泊转变为人工控制的内陆水体,全湖水位变化平缓。东湖虽属浅水湖泊,但它在整个江汉湖群中相对较深,最深处近6米,平均深度为2.46米。

东湖地区在地质构造上,属淮阳"山"字形前弧西翼的一部分,位于东西略偏北走向的褶皱带。由于挤压十分剧烈,湖区存在一系列断裂。湖水沿着断裂谷地,深入陆地,形成众多的湖汊,构成了东湖湖湾交错,湖岸曲折的特点。据测算,全湖大小岬湾达120多个,湖岸曲折系数为著名的洪湖曲折系数的两倍以上。这种曲折的湖岸,为风景区的建设提供了很好的自然条件。

东湖基本上是长江汛期洪水泛滥,泥沙在两岸发生不等量淤积作用的产物,是河流壅塞湖。因为

武汉东湖风景

东湖濒临长江，在江湖之间，发育有一片冲积淤积平原，并发育有长达10多千米的环湖长条形高地，高地向东湖一侧倾斜，为长江的自然堤，堤内形成相对低下的凹地，每当汛期，长江水位高于地表时，凹地上游来水无法外泄，于是在洼地内潴水成为现今的东湖。东湖依自然环境，分为听涛、磨山、落雁、白马、吹笛、珞洪六个游览区。

听涛区在东湖西北部。东湖大门一带有黄鹂湾、翠柳村，西岸疏柳如烟，冈峦起伏，亭阁相间。蜿蜒多变的港汊停泊着众多游艇，翠柳村中有雾抱亭，四个方亭按四个方位矗立在一起，组成一个外圆内方的环形亭，内栽一株枫香树，形成亭中有树、树下有亭的有趣景观。

湖边长丘，建有听涛轩，四周植翠竹、苍松，风来湖上，竹喧、松涛与浪涛相唱和，十分动听，为听涛拍岸的雅地。迎湖石砌的护坡上嵌有苏东坡所书"松坡"二字的青石板，为此处景色更增添了几分神韵。

在开阔的草坪湖岸，临湖有一玻璃建筑物，名"水云乡"。登二楼远眺湖景，但见湖面辽阔，蓝天白云，行云碧水，真有疑似身处云雾中的感觉。

东湖听涛区建有一系列纪念中国古代伟大诗人屈原的建筑。2000

屈原塑像与亭台楼阁

多年前，伟大的爱国诗人就曾在这一带的江河土地上留下了足迹，如今东湖的圆形小岛上建有行吟阁。阁高三层，层层飞檐，上覆翠瓦，阁内立红色圆柱。此阁建筑雄健而俏丽，颇富民族风格。阁前有屈原全身像，高3.6米，底座高3.2米。屈原像端庄凝重，清癯飘逸；作款款漫步之状，仿佛诗人正行吟在东湖畔，高诵长吟《天问》。

东湖西沿有翠瓦飞檐，形若宫殿的长天楼，明亮宽敞，雕镂精雅。凭窗眺望，碧波万顷，欲接蓝天，大有秋水共长天一色之气魄。

湖光阁，又称湖心亭。位于东湖中心狭长的芦洲上，高19米，两层八角攒尖顶，占俊俏丽。登临阁览全湖风光，沙鸥隐现，冬季则鸿雁飞翔，另有一番野趣。

磨山游览区的主要景点有磨山、朱碑亭、植物园、樱花亭等。磨山是沿湖群山中的主要山脉。三面环水，六峰逶迤，长达4千米。山上松林苍翠，奇石峥嵘，古洞幽邃。磨山六峰，以东头的山峰最为秀丽。此峰形圆如磨，故得此名。

落雁区因大雁南来北往在此停留而得名。这里泊汊交错，环境清幽，自然景色优美。有一突出湖面的小洲便是古清河桥。

白马区因白马洲而得名。此洲四面环水，与小龟山、飞蛾山隔岸相对。洲西有鲁肃的马冢。相传三国赤壁之战，鲁肃助周瑜破曹后，转回夏口时，骑白马过洲，马陷泥中而死，葬马于此，后称白马洲。

珞洪区因珞珈山和洪山而得名。相传春秋战国时楚王曾在珞珈山"落驾"，所以此山原名落驾山。珞珈山巍峨横亘，冈峦林立，山光水色，交相辉映。近山湖中有"浪淘石"，累累罗列，苍翠夺目。此石面积约3000平方米，大部分被水淹没。突出水面部分，列峙于粼粼碧波之中，俨如海上琼山。

东湖浩瀚如海，不仅风光迷人，而且物产丰富，其中武昌鱼最著名，宋、元时期武昌鱼就在名人诗篇中屡见不鲜。如今，湖景千变万化，漫游在东湖边，步移景换，令人心旷神怡。

第十七章 湖南省的湖泊

◎ ◎ ◎ ◎　◎ ◎ ◎ ◎ ◎ ◎

洞庭湖

洞庭湖是镶嵌在长江上的一颗明珠，从古至今，无数人赞叹它，无数人吟咏它，留下了许多传世名篇和千古绝唱。

"八百里洞庭"是人们形容洞庭湖的浩瀚博大。今非昔比，今天洞庭湖虽然仍然有迷人的风貌，可湖水的面积却在渐渐缩小，"洞庭天下水"的壮观景象已不复存在了。

洞庭湖位于湖南和湖北两省的交界处，湖的北面是湖北省，南面是湖南省。洞庭湖的中间有一座青翠碧绿的小山，名叫洞庭山，洞庭湖因此而得名。

历史上，洞庭湖曾是我国最大的淡水湖，但是这个桂冠却早已让给了鄱阳湖。如今的洞庭湖，在江湖泥沙的淤积下，正在不断地缩小。

据考察，洞庭湖在明末清初

洞庭湖中的君山景观

时达到极盛，周长达22.5千米，面积约有6200平方千米。当时，这里的水域是个江湖难分的地方，人称"云梦泽"。

随着上游四条江水河流每年带来2亿多吨泥沙的不断淤积，湖区面积日益缩小，而且缩小的速度越来越快。如今，湖面已被分割成东洞庭、南洞庭和西洞庭三大部分和众多的小湖泊。现在的洞庭湖，从1949至1977年的28年中，平均每年缩小5702公顷。有资料说，现在的洞庭湖面积是2700平方千米。而利用陆地卫星实拍的照片计算，洞庭湖水面仅为2180平方千米。

20世纪70年代末的枯水期，其水面仅有1070平方千米。这样算来，洞庭湖就连我国最大淡水湖的第二把交椅也坐不上了。

然而，湖水退去之后，裸露出来的是一片肥田沃土。由于土层深厚，透气性好，有机质含量丰富，所以十分肥沃，再加上这里气温适中，水源充足，光照长，无霜期长，从而使湖区内的十多个县（市、区）成为著名的粮棉生产基地。

古老的洞庭湖虽然从面积的大小上难以与过去相比，但是20千米洞庭鱼米乡依旧久负盛名。湖中的鱼类多达130多种。古老珍贵的中华鲟，是洞庭鱼王，它们依然来到湖中觅食越冬。每到盛夏，整个湖区满眼碧波，四处荷花，稻浪飘香，蛙声阵阵。秋季，田里一片金黄，湖上渔帆点点，到处是人们的欢笑，到处是丰收的歌声。

在洞庭湖的东北角，有一个与武昌黄鹤楼、南昌滕王阁齐名的三大名楼之一——岳阳楼。

据说，早在三国时期，这里曾是吴国鲁肃演练水军的阅兵台，岸边的山丘正好用于指挥阅兵。后来便在这里修建了一座阅军楼，就是岳阳楼的前身。到了唐朝，将其扩建为楼阁，并命名为"岳阳楼"。时至北宋庆历四年（1044年），滕子京谪守巴陵郡（今岳阳），重修岳阳楼，并致书当时有名的政治家、文学家范仲淹，请他作《岳阳楼记》：

"予观夫巴陵胜状，在洞庭一湖。衔远山，吞长江，浩浩荡荡，横无际涯；朝晖夕阴，气象万千；此岳阳楼之大观也。"

传说中的娥皇和女英

范仲淹不仅将岳阳楼与洞庭湖的景色描写得淋漓尽致，而且还留下了"先天下之忧而忧，后天下之乐而乐"的千古名句。

站在岳阳楼上，遥望广袤的洞庭湖，有一个露出在湖面上的小岛，名叫君山，又称湘山或洞庭山。君山由大小72座山峰组成，是洞庭湖上的胜景之一。相传在4000多年前，舜帝带领娥皇、女英两位妃子来到君山，把二人留在这里，自己继续前去南巡。不料未等返回，便病死于苍梧。两位妃子闻讯后悲痛欲绝，因身在异乡，无处凭吊，便在湖岛的竹林边扶竹南望，泪如雨下，点点泪珠洒在青翠的竹枝上，呈现出斑斑点点，成为如今还生长在君山岛上的"湘妃竹"，也叫"斑竹"。二位妃子因过于悲伤死于岛上。所以在君山岛的东麓有二妃墓，上有一副挽联："君妃二魄芳千古，山竹诸斑泪一人。"洞庭湖，一个美丽而传奇的地方。

第十八章

◉ ◉ ◉ ◉

广西壮族自治区的湖泊

◉ ◉ ◉ ◉ ◉ ◉ ◉ ◉ ◉ ◉ ◉

一、犀牛湖

人们常说，桂林山水甲天下，阳朔山水甲桂林。的确，阳朔不仅山美、水美、景致迷人，更有近年来出现的与山水有关的奇情异事，为这天下第一的景色罩上了一层神秘的色彩。

在离阳朔县城不远的地方，有一座美女峰，山如其名，美女峰就像一位姣美的少女，披着一身翠绿的衣装，上面点缀着一团团、一簇簇盛开的鲜花，分外漂亮。山脚下有一湾浅水，当地人叫它犀牛湖，不远处有一个深不见底的洞穴，叫澎窿洞。怪事就出现在这湖和洞之间。

1987年5月的一个下午，一切

都和往常一样，犀牛湖旁的白沙堡村的两位老人正在悠闲地放牛。牛儿在静静地啃着鲜嫩的青草。忽然，从山脚下的澎窿洞中传来轰隆隆的巨响声。两位老人顿时被吓得不知所措，牛也被吓得又蹦又跳。响声过后，只见澎窿洞中一股水柱冲天而起，足有几米高，水头落下后，直向犀牛湖冲去。仿佛有一股神奇的力量，使源源不断的水从洞里喷射出来。喷水持续了大约一个星期，原来极浅的犀牛湖水深已达6米，水面增大到20公顷。人们被这突如其来的变化惊得目瞪口呆，远方的人们也闻讯前来一睹奇景，但就在这时，更奇怪的事情发生了。一天黄昏，有人发现湖水开始下降，而且一夜之间便下降了17厘米，第二天又下降了66厘米，然后，又恢复了平静。两天之后，奇迹又发生了，一夜之间，湖水消失殆尽，全部从澎窟洞中回到了地下。湖塘及被水淹没的稻田里，留下了大量的鱼虾，鱼种有鲤鱼、草鱼、斑鱼、鲫鱼等，小的在200克以上，大的可达3000克。村民们欣喜若狂，纷纷下湖，捡鱼拾虾。据大概统计，捕获的鱼有3000多千克，虾500多千克，这还不算前来观光的人所捕获的鱼虾。

犀牛湖水大现大隐的奇特现象引起了地质和水文科学家的关注。

经过考察和研究推断，犀牛湖形成于地下岩溶发育的桂林地区，地下溶洞与地下暗河纵横交错，十分复杂。湖水与地下水通过澎窟洞这样的落水洞相连。每当地下暗河的水量、落水洞的泥沙、湖中及地表河流水量出现复杂变化时，都会导致湖水出现异常，发生人们意想不到的奇异事情。

二、榕湖、杉湖

桂林，素以山水之胜甲天下。桂林的秀水，除绕城南去的漓江外，便数位于市中心的榕湖和杉湖

山水相依的秀美风光

了。两湖相通，以阳桥为界。此湖把桂林拦腰截为南北两段，跨湖的阳桥又把湖分为东西各半，东面湖畔有杉树，名杉湖。西面湖畔有古榕，名榕湖。两湖风景秀丽，自古景致就如诗如画。

榕湖和杉湖原为宋代桂林城南的护城河，连通漓江。至明洪武八年（1375），因城池外拓，才逐渐演变为风光绮丽的城内湖。

杉湖开敞，东濒漓江，南邻象山，湖光山色，分外妖娆。榕湖湖岸，树木茂密，遍植桂树、樟树，一派葱茏，掩映入湖，格外清幽。

晨曦刚露，暮霭初降，湖上一片似烟非烟的蒙蒙水气，漫天云霞，一湖澄澈，涟漪泛碧，浮光跃金。榕湖中有三座小岛，上面密密匝匝地遍布茂林修竹，不露一丝泥土颜色，东西两座小岛各有曲桥与岸相接，临水的敞亭或米黄，或素白，显得格外淡雅。在此沐徐徐拂面的湖风，观追逐柳影的游鱼，情趣盎然。

杉湖水面比榕湖小，湖心有一座别致的小岛。湖的南岸和北岸各有一道曲桥与岛连接，它们如同两挂精致的象牙细链，横贯波光粼粼

层峦叠嶂的桂林山水

此画面正似恰对好湖山的意境

的湖中。小岛西侧有高低错落的四个蘑菇形伞亭，新颖而精巧。

阳桥历史悠久，是榕湖、杉湖的分界线，宋代叫青带桥，明代更名阳桥。桥北原有醮楼，又名鼓楼，早晚击鼓报时。如今的阳桥增置汉白玉石雕花栏杆，似卧波长虹，怡人耳目。

榕湖、杉糊之畔曾留下不少历史文化名人的足迹、身影。宋代诗人黄庭坚，被贬宜州，路经桂林，曾在榕湖边系舟歇息，现在此地建有方形的榕荫亭。

因榕湖、杉湖风光幽雅，故在清代，一些诗人、画家、学者多结庐而居湖边。在杉湖畔建馆造楼，吟诗作画。近代著名学者、南社诗人马君武的故居也在杉湖北岸，他喜爱杉湖，居所有一传世门联："种树如培佳子弟，卜居恰对好湖山。"而居在榕湖、杉湖之畔，正有"恰对好湖山"的感受。

榕湖和杉湖正以它们独特的风采吸引着越来越多的游人，让他们享受湖光山色之美，接受大自然的恩赐。

第十九章 四川省的湖泊

◉ ◉ ◉ ◉　◉ ◉ ◉ ◉ ◉ ◉

一、九寨沟湖

九寨沟是我国近年来开发的著名风景区，它位于四川省北部的九寨沟县境内。在绵延50多千米的沟里，原来共有9个藏族村寨，所以得名"九寨沟"。

九寨沟在过去的年代里人迹罕至，原始的自然生态保存得非常完好，整个沟里的湖光山色都浸透着一种原始而又粗犷的美。和喧闹而又嘈杂的都市相比，这里无疑是一个美丽、自然而又清静的好去处。

在川北，人们把湖泊叫"海子"，在沟里，100多个海子好像绿线串起的珍珠和玛瑙，长达5千米。小的是约0.03公顷的圆塘，大的可达66.7公顷以上，多姿多彩，风貌各异，是九寨沟旅游区一道亮丽的风景线。

九寨沟的湖与其他的湖不同，它们有独特的风姿，或波涛汹涌、雄伟壮阔；或清风雅静、小巧可人。而且都随季节、光照和深浅湖底沉积物的不同而不断变换色调，显现出五彩缤纷的奇丽景色。

绚丽多彩的湖水，正是九寨沟湖闻名于世的一大特色。湖水的颜色可分为蓝色和杂色两大类，属蓝色的海子有长海、犀牛海、镜海等。它们一个个晶莹透彻，光彩照人。之所以呈现蓝色是因为湖水深和水中杂质含量极低、没有污染有关。极深的湖水，在水分子对光的散射作用下，将波长较长的红、黄、绿等光线吸收，而反射的光线以蓝光为主，湖泊就呈现出晶莹的蓝色。

湖泊呈现各种不同颜色的原因比较复杂。像五花海、五彩池等都呈现出特有的颜色。其原因是受外界光线照射和湖底沉淀物质的不同颜色影响。这类湖泊的水比较浅，湖岸森林颜色的季节性变化，蓝天、白云的映衬，都会影响湖水的颜色。另外，有些湖水浅可见底，加之湖水清冽，所以湖底的藻类、苔藓、松枝、败叶，以及各种矿物质等，都会使湖水呈现特殊的颜色，如绛红、鹅黄、淡绿等。湖水颜色的变化斑驳陆离，令人眼花缭乱，美不胜收。

九寨沟的海子不但色彩艳丽，近几年还传说水中发现了"怪兽"。有人说怪兽像水桶，体长3～5米，浑身泛着银光。也有人说，怪兽像一匹马，长着马头，却没有脖子，头直接连着巨大的身躯，看起来真是怪极了。但直到现在，还没有找到直接的目击证据或实物证据。有人分析，那是鱼群在海子里游动，只是人们看花了眼而已。

二、邛海

邛海是四川凉山的一颗明珠，距西昌城东南5千米，是高原湖

树荫掩映下的美丽湖泊

泊。面积约31平方千米，状如出壳蜗牛。

邛海是闻名遐迩的风景湖，它东依大凉山，南面泸山，崭然横截为岸，湖水漾漾碧色，组浪平铺。西昌，因月色美妙，享有"月城"的美称，尤其是邛海的月夜，格外明媚。

邛海之所以被称为"海"，是因为它不但有湖泊柔和、妩媚的情调，也兼有海的气魄，雄伟而壮观。当其浪静波平的时候，万顷碧水，一平如镜，南岸垂柳丝丝，西

渚莲叶田田，近北海岸的渔村，树下缆着小小篷船，俨然一派柔媚的江南山水。而当狂风暴雨袭来之时，邛海白浪滔天，惊涛拍岸，群凫惊飞，轻舟欲颠，显示出海的气势。

湛蓝无云的十五之夜，是邛海最美的时光。皓月临空，一湖银辉，水天二月，直欲醉人。邛海上空的月亮格外圆，特别亮，确有其科学道理。因西昌地处横断山脉的小盆地安宁河谷地带，东面是大凉山脉，南边是螺髻山脉，西面是牦

风平浪静的邛海

牛山脉，北边是大相山脉；它被四面的崇山峻岭所包围，西伯利亚和太平洋上的寒流不易侵入。虽然西昌的地理位置在云贵高原，而气候却属亚热带，日照长，四季如春，约三年才有一个雾天。白天红日朗照，万里无云，到了晚上自然天高云淡，月亮能见度大，每逢十五之夜，月亮更是又圆又大，银辉泻地，为邛海带来了无与伦比的奇美月景。

听居住在邛海边的人说：当晚霞映照邛海的时候，海水晶莹，水平如镜，有时隐约可以看到一座海底城镇的轮廓，传为几千年前地陷为泽时下沉的城街遗址。也有人解释这是西昌城的景象折射到水中的一种物理现象。

邛海为重碳钙性水，藻类茂盛，盛产多种鱼类，如鲤鱼、乌鱼、白鲢、鲇鱼等，其中以大嘴鲇鱼为上品，肉质肥嫩而鲜美。放养的牡蛎、珠蚌使邛海更为富足，成为凉山名副其实的明珠。

邛海边上，最著名的是被誉为"蓬莱遗胜"的泸山，它从邛海边拔地而起，海拔2238米，远远望去，很像一只昂首朝天的青蛙。泸山山势雄奇，酷似剽悍魁梧的勇士，护卫着俊俏秀丽的邛海姑娘。泸山自下而上有13座唐宋古刹，错落有致地镶嵌在苍松翠柏之间。无论哪一层庙宇，都建有高出林木的"望海楼"，可以俯视邛海。

泸山上的蒙段祠，是彝族的祖庙，建于唐朝南诏时期，祠内供奉蒙段氏塑像。最为珍贵的是祠里藏有记载了明清以来西昌地区地震资料的百余通石碑。对地震发生时间、震兆、前震、主震、余震、受震范围及震后人员伤亡、建筑物破坏情况等，均有详尽记载。这些国内罕见的地震碑林，具有相当高的科学研究价值。

光福寺前的汉柏，相传是西汉惠帝时所植，有2175道年轮，主干径围11米。还有明代桂树，一年开数度花，花令时节，香飘数里，被称为"奇桂"。

游人置身泸山峰顶，可见群山叠翠，云岫无常；俯视邛海，云影波光迷离，水天蔚蓝一色，足以荡涤胸怀。

第二十章 贵州省的湖泊

天然湖

在我国贵州省的织金县，有一个掩映在山间峡谷中的湖泊，名字朴实，叫天然湖。这个湖泊的景色之美暂且不说，单就它的形成，就足以令人惊奇不已。

那是在1974年5月间，织金县遭受了一场百年不遇的巨大暴雨袭击。暴雨在峡谷中汇成咆哮的山洪，以排山倒海、雷霆万钧之势倾泻而下。在暴怒的大自然面前，人们束手无策，只能眼看着肆虐的洪水冲毁耕地，卷走家畜，淹没了家园。仅仅几天的时间，山间盆地竟成为一片汪洋，盆地中的大坡上乡、偏江石乡、宅吉堂乡的大部分村寨全部没入水下成了龙宫，而盆地中的唯一高地青杠林村却神话般地成了与陆地隔绝的孤岛。就这

样，一座天然湖泊从天而降，海拔1200余米的山间盆地里出现了绮丽多姿的湖泊。

也许有人会问，如果织金县不是干旱地区，盆地聚集起历年的降水，不也早就成为湖泊了吗？其实，织金自然湖从天而降，奇也就奇在这里。本来，盆地的最低洼处曾有两个通往地下的深洞，一个称落水洞，一个称消水坑。平常年份，山上下来的雨水都汇集到这里，从两个洞流入地下了。至于这两个洞通向何方，无人知晓。它们就像城市中的排水管道，年复一年地承担着盆地的排水任务。可是，这次山洪暴发，两个洞却一反常态，不但不往下排水，反而向外涌出大量的浑水，二水合一，造就了高原湖泊的新秀。

据织金县的老人们讲，这个

美丽的山间盆地，曾有几次被洪水淹没而成湖的历史。早在1914年，盆地内就曾一度成湖，但湖景不长，成湖一年后就自行干涸消失了。1954年，这里再次成为湖泊。然而，结果仍然与40年前那一次相同，仅过了半年时间，便退水还田。这反反复复的成湖历史，关键在于与地下相通的两个落水洞和地下暗河的连通情况。

据有关地质调查表明，本地的石灰岩形成至今已有近2亿年的历史，这种可溶性的岩石在漫长的岁月中被地下水溶蚀得"漏洞百出"，使地表水通过这些溶洞与地下更大洞穴中的暗河水沟通。成湖之前，这些"漏洞"畅通无阻，到1974年这次成湖时，由于"漏洞"的年代久远，出现的坍塌已使之通水不畅，再加上骤然而下的山洪携带着大量的碎石、泥沙，而且地下暗河的水位也在升高，落水洞的作用实际上已经消失了，所以，盆地中的水无法下泄，便形成了这个旖旎幽静的淡水湖。

天然湖南北长2千米，东西宽0.2千米～1.1千米，面积1.3平方千米，最大水深为30米，蓄水量1300万立方米。湖泊的形成，虽然毁掉了人们原有的家园，但也为人们带来了新的生活和更多的机会。如今，天然湖中碧波荡漾，水草繁盛，鱼虾成群。湖区周围都变成了水浇地，人们还兴建了电灌站。湖泊使这里变成了高原上的鱼米之乡。

神话般的天然湖

第二十一章 云南省的湖泊

◉ ◉ ◉ ◉ ◉　◉ ◉ ◉ ◉ ◉ ◉

一、泸沽湖

泸沽湖位于云南省北部与四川省交界处,那里居住着纳西族的支系摩梭人。泸沽湖的名字就源于摩梭人的语言,意为"落水"。这个秀丽的高原湖泊湖面海拔高度为2690米,面积51.8平方千米,湖深平均45米,最深处达93米,是云南第二深水湖、全国第四深水湖。湖水系周围群山上的十几条森林径流及附近石灰岩岩溶地下水汇流而成。湖水清澈明净,几乎没有污染,水生植物十分丰富,特别是深水植物种类繁多,当属云南湖泊之冠。

泸沽湖四面环山,湖岸曲折蜿蜒,微浪如语,玉水潺潺。由石灰岩构成的奇崖怪石,仿佛在向游人们诉说着千百万年前地壳运动陷地成湖的故事。如果能在湖区村寨里约上一位善谈的摩梭老人与你荡舟湖面,那实在是一件幸事,因为他会向你讲起世居湖边的摩梭人、普米人的古老风俗。

摩梭人和普米人是两个古老的民族,他们在一定程度上还保留着原始的社会形态。时至今日,这里的文化观念和民俗风情还有许多古老的遗风。比如,摩梭人至今还坚持着母系制的家庭结构。在他们的家庭中,由一个始祖母的女系后裔组成,不包括男女成员的配偶。家庭中仍然奉行着母系社会的"男不娶、女不嫁"的婚姻方式,婚姻生活采取男人到女方家走婚的形式,即男人只在晚上"走婚"住在女方家,第二天早晨再返回母亲家。如果有了小孩,则归女方家抚养长大。每个大家庭都由女性为主导。

这种以母系血缘关系建立起的家庭，是典型的母系社会的遗风。所以，泸沽湖区，是研究人类社会起源和发展的难得之处。

泸沽湖区，风景迷人，景点众多，其中泸沽三岛是最让人流连忘返的地方。这三个岛屿分别是土司岛、里无比岛和里格岛。碧绿的湖水中，小岛在点点白帆的映衬下显得分外娇媚，岛上有漂亮的别墅、有供奉女神的遗址，还有古老的土司石墓。在垂柳绿树的掩映下，摩梭人的木房时隐时现，每家的门前都有一条石板小路通向湖边，小路旁的湖岸边，拴着一条猪槽形的小船，随风在水中漂来荡去，不是仙境，胜似仙境。

二、洱海

洱海因其形状酷似美人的耳朵，故名洱海。洱海，古称叶榆泽。洱海位于四季如春、月月花香的滇西古城——大理城边。它北起洱源，南至下关，南北长约42.58千米，东西宽约5千米~8千米，面积达256.5平方千米，平均水深10米，最深处20米，总蓄水量约27.94亿立方米。在我国西南地区，是排在滇池之后的第二大湖泊。自汉代以来，洱海就已名扬九州，近代更以其绮丽的风光享誉中外。它的湖水碧蓝清澈，透明度高达6~7米，湖中的砾石、水草、游鱼、走虾，无不清晰可见。洱海自古以月景闻名，平静的水面宛如一面明镜，每当皓月当空，高峻的苍山和大理三塔倒映水中，在朦胧的月色里，天水一色，景色最为迷人。

在洱海的西面，有一座点苍山，东面，有一座鸡足山，两座山屹立于湖的两侧，山湖之间的高差达2000多米。山下的洱海冬无严寒，四季常绿，而2000多米高的点苍山，却身披银装，四季雪白。说是"四季"似为夸大之辞，其实是"白在冬季"，但在云南西部，这

苍山洱海近景

也是难得的了。洱海有18条水源，全部来自点苍山，清澈的湖水，南经下关市，西汇漾濞江，然后注入水流湍急的澜沧江。

洱海妩媚秀丽，景色动人，碧蓝的湖水从远处望去却成了白色一片，水和远山隐隐相连。阳光下几张醒目的白帆顺风而行，把湖面点缀得梦幻一般。

洱海四周，群山拥着湖水，点苍山傍在湖的西边。有时万里晴空，单单在点苍山顶上停着一朵白云，它不动不走，轻抚着山巅，不由得让人想起了那个古老而动人的传说：

在很早以前，有一位美丽善良的白族公主爱上了一位勤劳勇敢的猎人，二人情投意合，愿白头到老，结为夫妻。但是国王坚决不许。于是二人为了追求自由，逃上了点苍山。不料，国王派法师施展妖术，让大雪封山，企图把二人逼下山来。猎人为了给公主御寒，冒险潜回宫中，结果被法师擒获并害死后沉入洱海。公主得知，也悲痛而死，死后化为一片白云飞向点苍山。人们把这片云叫作"望夫云"。此云一起，洱海就会狂风怒吼，巨浪滔天，仿佛要把湖水卷走。有时，蔚蓝的天上晴空万里，轻柔的雾气缓缓升起，聚到顶峰，在湖风的吹拂下时起时落，袅袅娜娜，久留不去，酷似一位长发少女盼望着受难的情人归来。不知何时，人们给点苍山的主峰起了个名字，叫"云弄峰"。

三、抚仙湖

在春城昆明市南60多千米的澄江市附近，有两个彼此相通的湖泊，上游是星云湖，下游是抚仙湖。两湖相距约1千米，其间以海门河相连。抚仙湖以湖畔有抚仙石而得名。湖面形状犹如琵琶，平均水深95.2米，最大深度158.9米，是我国仅次于长白山天池水深的第二深湖泊。

抚仙湖中盛产抗浪鱼、花鲦鱼、金线鱼，星云湖里多是大头鲤和白鱼。令人奇怪的是，两个湖里的鱼之间老死不相往来，就像事先规定好了似的，仿佛无形中有一条严格的"国界"。可是这界限究竟在哪儿呢？在两湖中间的海门河中

抚仙湖

段岸边的石壁上，镌刻着"界鱼石"三个大字。这界石是什么时候立下的，已经无从查考了，恐怕是古人所为。石壁上还刻有一首诗："星云日向抚仙流，独禁鱼虾不共游；岂是长江限天堑，居然尺水割鸿沟。"不远处还建有一座古庙，庙内有一副对联，上书："两海相通，鱼不往来。"

多少年来，人们只是把这种鱼类"不越雷池半步"的现象当作一个挺有趣的谜，并不知其中的奥妙。后来，还是生物学家们解开了这个谜。

经过多年的考察和研究，生物学家们发现，导致两湖鱼类互不往来的根本原因，是两湖的环境存在较大差异。星云湖水浅泥多，最大水深才12米，水中浮游生物丰富，水草也十分茂盛，是营养性湖泊。大头鲤不但可以在湖里很容易地觅食，而且还可以把卵产在水草上，所以，懒惰的大头鲤对星云湖的条件极为满意，绝不远走他乡。而抚仙湖水深浪大，不但湖水极清，而且湖底到处是礁石，鱼饵贫乏，是贫营养性湖泊。一般的鱼在这种环境中生存比较困难。但抗浪鱼和花鲇鱼等却能够适应这种环境，它们体形如梭，动作敏捷，在大风大浪中游动自如，完全可以满足生活需要。更重要的是，抗浪鱼等是在近岸礁石上产卵孵化后代的。

两个湖泊，两种环境，造成了两类鱼老死不相往来的有趣现象。

四、滇池

滇池位于云南省昆明市的西南，离市区仅几千米。滇池古名滇南泽，又称昆明湖。滇池的名称由来，据《后汉书·西南夷传》中所写："此郡有池，周回二（三）百余里，水源深广，末更浅狭，有似倒流，故曰滇池。"

滇池外形好似弦月，南北长约39千米，东西平均宽为11千米，面积306.3平方千米，一般水深3～5米，最大水深约8米。蓄水量为12亿立方米。多年平均水位为1889.66米（海埂水位站，海防基面），历年最高水位为1890.91米（1966年10月17日），最低水位为1888.39米（1960年5月20日），水位一般变幅为1米～2米，绝对变幅为2.52米。湖水水位于每年11月后开始下降，至次年5～6月降至最低。此后进入雨季，水位上升，最高水位常出现在每年的8～11月。

距今大约7000万年以前的中生代末期与新生代初期，盘龙江已开始发育，并强烈地侵蚀周边地区，使昆明附近变成低洼的谷地。后来沿着湖的西岸，发生了近于南北向的西山大断层，随着地壳的不断运动，断层线西边逐渐上升，东边相对下降，经过长期演变而成了积水的洼地，这就是古滇池的雏形。古滇池水面非常辽阔，整个昆明坝子皆是一片水域。如今在昆明坝子的地下常发现草煤，它就是由古滇池内的水草演变而成的。昆明坝子是新构造运动的上升区，因而使河流的侵蚀基面下降，加剧了螳螂川的向源侵蚀，海口河被渐渐切深，加之入湖河流携带的泥沙在湖内沉积使湖底增高，加大了古滇池的出流，使之变浅变小而成为今日的滇池。

汇入滇池各河属金沙江水系。

千变女郎——滇池

海口以上的集水面积为2920平方千米，为普渡河的上源。滇池承受10条主要入湖河流的水量补给，其中以盘龙江最大，昆明以上的集水面积为847平方千米，占总流域面积30%左右。年平均来水量为2.4亿立方米，占湖泊总补

滇池近景

给水量的34%。其余的主要入湖河流有柴河、宝象河、东大河、呈贡大河、西白沙河及梁王河等。海口河是滇池唯一的出湖河流，河口有沙滩分布，形似螳螂，亦称螳螂川；河流坡陡流急，蕴藏了丰富的水力资源。1901年在这里建起了中国第一座水电站，发电量为6000千瓦。

滇池群山环抱，湖滨土地肥沃，气候温和，水源充沛。据昆明气象资料统计，湖区年平均气温为14.5℃～17.8℃，最高气温为34.8℃，最低气温为-3℃；年平均降雨量为1070毫米；年蒸发量为1000毫米，是云南的鱼米之乡。

滇池是一座天然的蓄水库，在调节湖区气候、美化城市方面起了一定的作用。以湖水及其支流所灌溉的农田有2.9万公顷，湖水又是当地工业生产和城市生活用水的水源，滇池亦有航运之利，昆明至海口可通班航。水产资源有鲤鱼、鲫鱼、乌鱼和金线鱼等鱼类。其中以鲤鱼的产量最高，鲫鱼次之。金线鱼虽为云南的名贵鱼，但因资源衰减，目前已无产量可言。虾的产量近年猛增，1公顷产225千克。湖内水草则是滨湖农田的主要肥源。

滇池风景秀丽，西山林木葱茏，四季常青。山上有人民音乐家聂耳之墓和龙门古迹等。大观楼耸立于湖之北端，登临远眺，20千米的滇池尽收眼底，是旅游昆明的必临之处。

第二十二章

西藏自治区的湖泊

一、班戈湖

藏北高原，是一个充满了神秘色彩的地方。那里有任何地方都看不到的独特的高原景色，也有令人毛骨悚然的恶劣气候。但是，朋友，请不要畏惧，正所谓无限风光在险峰，看了这里的山，看了这里的景，特别是看了这里的湖，一定会让你激动万分，终生难忘。

当你跨过唐古拉山口，才算迈上了藏北高原。初到这里的人们，常常是迫不及待地极目原野，然后发出由衷的赞叹："好一派高原风光啊！"只见雪山如银似带，逶迤茫茫；片片湖水，星罗棋布；白云在身边慢悠悠地飘来荡去；牦牛、野驴、黄羊时隐时现……

从唐古拉山口向南再折向西行，大约走200千米，便进入了奇林湖盆地，著名的班戈湖就在盆地当中。班戈湖是由三个湖组成的一个湖群，东北的一个面积不到0.5平方千米，另一个已经干涸，只有雨季才有点水，主体的班戈湖由于河水的不断补给，湖水充盈，一派生机。

班戈湖是一个百余平方千米的聚宝盆。附近断裂形成的温泉，至今仍汩汩流进湖中，河水带来的大量盐类，在湖中形成了丰富的矿产，有硼砂、芒硝、菱镁矿等。这里的矿产早在20世纪50年代就已得到开发。

由班戈湖向西，越过7千米的巨大沙砾阶地，便是奇林湖。在奇林湖附近，简直就是湖的世界，有阿达湖、触安姆湖等几十个大小不等，咸淡不同的卫星湖。

奇林湖又叫时林顿错，藏语是"七湖"之意，在蓝蓝的天空映衬下，奇林湖显得那样安详、深邃，就像一个温顺的姑娘。但是，当地的藏民说关于奇林湖也有很多稀奇的事。

有一天，有两个人到奇林湖岸边的浅水中去拾鸟蛋，不知什么原因，两个人都失踪了，他们去时是乘汽油桶做的船。奇怪的是，他们人没回来，船却从南面的触安姆湖漂了出来。如果排除人为原因的话，那就只能说两湖之间在地下是沟通的。但这至今也没能得到证实。

还有人讲述了一件更奇怪的事，有一位藏民叫布琼，说他在奇林湖畔亲眼见过一头似羊非羊，满身鳞甲的死动物。有人说那是湖中"怪兽"。这一说法，又为奇林湖蒙上了一层神秘的色彩。后来有人说亲眼看见湖面突然间在西北风的作用下，卷起约6米高的水柱，远远望去，就像巨蛇一样，用望远镜细看方知还有如此巨大的湖浪。也许过去人们就把它当成湖怪了吧。

二、大盐湖

西藏的扎布耶茶卡盐湖中，不但没有一般盐湖的荒凉感，反而是一幅生机盎然的奇特景色，让人耳目一新，久久难忘。

扎布耶茶卡盐湖面积达97平方千米，相当于19个杭州西湖。平均每升湖水中含335克盐类物质，是一个含有丰富有用元素的卤水湖，其中含有石盐、芒硝、天然碱和硼、锂、钾等多种有用化合物和元素，简直就是一个综合性的大型卤水矿床。在如此高浓度的盐湖中，似乎应该见不着生物的踪迹。但是，人们在1982年考察该湖时，却发现了大量的红色嗜盐菌、藻。原来整个湖水中都分布着这种细小的、肉眼难以辨认的嗜盐藻体，众多的藻把整个湖水都染成了深红色。

每到中午，阳光强烈地照射着湖面，这是藻类大量繁殖生长的好时光。湖水表面形成一片片像"辣椒油"一样的"藻群"。当风浪涌起的时候，这些"辣椒油"一样的漂浮物慢慢向岸边聚集，把原有的白色盐类沉积物染上一道道鲜红的色彩，非常漂亮，湖岸仿佛像一条条彩绸在飘舞，十分好看。当藻类聚集得足够多时，人们便可以将其收集起来，从中提取胡萝卜素等有用物质。

更为奇特的是，在深红色的湖水中，散布着一个个白色的小岛，从湖岸望去玲珑剔透，洁白无瑕，十分好看。它们是由碳酸钙组成的一个个泉华锥，多达数百个，构成了盐湖中极为罕见的自然景观。这些洁白如玉的小岛规模不一、形态各异，有的1米左右，有的刚出水面，也有的还浸在水中未曾露面。人们把这些奇特的泉华锥称为"牙雕皇冠"。

泉华锥的形成，主要靠的是来自湖底的泉水，泉水中的碳酸钙在水下逐渐结晶沉淀下来。当锥体露出水面时，风浪使盐水留在泉华上，经过蒸发使盐分进一步在泉华上堆积，促进了泉华的长高。泉水中还带来许多二氧化碳气体，成为嗜盐生物的养分。

三、纳木错

"纳木错"为藏语，蒙语则称为腾格里海，都是"天湖"之意。纳木错位于西藏北部，湖面海拔4718米，为世界上海拔最高的大湖。湖面近似长方形，东西长70千米，南北宽30千米，面积1916平方千米，蓄水量为768亿立方米。湖的南部为雄伟的念青唐古拉山脉，湖的北侧和西北侧为低山残丘。湖中有岛3个，岸壁陡峭，石骨峥嵘。东南部有半岛伸入湖中。半岛由石灰岩构成，因久经溶蚀，喀斯特地形奇特发育，石林、溶洞、天生桥等形态各异，可谓千姿百态。

纳木错系内陆咸水湖，冰雪融水和降水是湖泊水量的主要来源。每年冬季湖内结冰，至翌年5月方消融殆尽，冰期约半年。在封冻期间，人、畜可在近岸带通行。

纳木错属于断层凹陷湖，成湖于第三纪喜马拉雅运动时期，距今约200万年以前。从古湖堤岸线分布的高度可知，当时湖面开阔而水深。自进入第四纪后，随着西藏高

景色瑰丽的纳木错

原的不断隆升，气候日渐变干，湖面缩小。现在，在该湖的外围，保留有古湖堤岸三层，最高的一层高出现今湖面约80米。古湖堤岸线揭示了昔日湖水退缩井井有条。

纳木错湖鱼类资源甚丰，由于交通闭塞，迄今湖内尚无正规的渔业生产。夏季，湖中的岩岛和滨湖的浅滩上，是赤麻鸭、鱼鸥、鸬鹚等候鸟栖息、繁衍的场所。广阔的水体，对湖区的气候亦起着显著的调节作用，使滨湖地区水草丰茂而成为藏北重要的天然牧场。主要草本植物有浜草、鹅冠草、紫云英等。在冬季到来之前，当地牧民就把牛、羊赶到这里，以备越冬御寒。此外，广阔的草滩上，常有野牦牛、黄羊、狼、狐狸和野兔等出没，也是一个良好的狩猎场所。

四、羊卓雍错

羊卓雍错又名白地湖，藏语名"裕穆错"，意即天鹅之湖。湖形如鸡爪，湖岸曲折多弯。北部的扎马龙、白地一带湖湾最窄，仅1千米～2千米宽；其余三面湖湾略为开阔，宽度可达3千米～8千米。湖岸线长250千米，湖面海拔4441米，面积638平方千米。水深30米～40米，最深处位于东南部的麦尕一带，达59米。蓄水量为160亿立方米，是西藏南部最大的内陆湖。此外，在羊卓雍错附近还有一些小的湖泊，如空姆错、沉错、巴纠错等，它们之中有的和羊卓雍错直接相连，有的则在大水时期相通，从而形成了羊卓雍错湖群。

羊卓雍错地处喜马拉雅山北麓的"雨影"地带，湖区降水稀少，为高寒半干旱气候区。据滨湖浪卡子气象站的观测资料统计，多年平均降水量为373毫米，以降雨居多，降水多集中在每年的6～9月，占年降水量的90%以上；冬季天气晴朗，干旱少雨（雪）。多年平均气温为2.4℃，最热的7月份，月平均气温为10℃，极端最高气温仅22.5℃（1972年7月14日）；最冷的1月份，月平均气温为−5.5℃，极端最低气温可降至−25℃（1968年1月6日）。每年的11月至翌年5月上旬为结冰期；全湖封冻后，人可履冰而行。

羊卓雍错流域面积为6100平方千米，汇入湖的大小河流计有20余条，主要分布在湖的西、南、东三面。较大的入湖河流有卡洞加曲、嘎马林曲、鲁雄曲、浦宗曲和香达曲等，枯季流量仅3立方米／秒～6立方米／秒。湖北部的集水面积小，且多为陡峭的崖岸，河流源近流急。湖区的西南和南部还有113平方千米的现代冰川，占湖泊集水面积的1.8%左右，因而冰川融水对湖泊也有一定的补给作用。此外，湖的南岸尚有一些小型温泉，也能补给湖泊一定的水量。湖泊水位以6～9月为最高，4～5月为最低，年内水位变幅为1米左右。湖水矿化度为1.78克／升，属微咸水湖。

羊卓雍错是在西藏高原不断隆升过程中因断层陷落而形成的构造湖。成湖初期，是一个大型的吞吐湖，湖水由西部的墨曲注入雅鲁藏布江。后来，随着南部喜马拉雅山脉的逐步抬升，南来的潮湿气流越来越少，气候逐渐干燥，导致补给水量减少而使湖泊水位下降，大约在100万年以前，洪积扇群在湖下游的羊舍附近堰塞了墨曲谷地，使湖水不能下泄，于是羊卓雍错便由外流湖演变为内陆湖。如今，在湖中低山的顶部有湖相沉积物，湖滨有高约4米至10米的两级阶地，都是该湖不断退缩、由外流湖逐渐演变成内陆湖的证据。

羊卓雍错蕴藏着丰富的水产资源和水力资源。水产资源以鱼类为主，其中具有经济价值的只有裸鲤，夏季，近岸浅水地区水温升高，饵料丰富，鱼群即由深水区游弋至近岸浅水带和河口区觅食、产卵。此时，无须垂钓，随手便可抓取。据估计，该湖的鱼类蕴藏量可达2亿千克～3亿千克，享有"西藏鱼库"之称。西藏民主改革后，渔业生产始有发展，现有专业渔民100余名，利用当地制造的牛皮筏子和小型网具从事捕捞。

大型水生植物是该湖另一项水产资源。在滨湖浅水地区，有分布较广、长势较为茂密的菹草、狐昆藻等。夏季，当地藏民常常将其收割后作为牛的饲料。

羊卓雍错及其临近的空姆错、沉错、巴纠错等广大水体的存在，对当地气候起着显著的调节作用。如果与喜马拉雅山北麓其他地区相比较，湖区平均气温要高出1℃左右，降水量亦增加近40%。因之，这不仅使滨湖地区的植被得以较好的发育，还可以种植青稞、芜菁、豌豆等农作物，是藏南重要的农牧业区。

此外，羊卓雍错的北面，与雅鲁藏布江仅以单薄的杭巴拉山相隔，两者水面的直线距离仅9千米，而湖面竟高出江面达840米。若能利用这一落差引部分湖水进行发电，就可以获得巨大的电力。

第二十三章 台湾省的湖泊

日月潭

在祖国的宝岛台湾，有一个久负盛名的湖泊——日月潭。它坐落在海拔760米的高山上，一湖碧水映衬着朵朵白云，36千米湖岸区绿树掩映，苍翠欲滴。清越的鸟语，细细的涛声，仿佛把人们带入了美丽的仙境。

传说早在一百五六十年前，日月潭还是一个人迹罕至的地方。一天，有三四十个土著人到附近打猎，临近中午的时候，发现了一只白鹿，便追逐而去，直到日落西山，白鹿却不见了踪影。于是他们在附近寻找了三日，始终未找到白鹿，却发现了这个湖泊。看到这仙境一般的美景，这些土著人大喜过望，回到部落之后，他们大为宣传湖区的优美，这些土著人认为这湖泊是上天赐予他们的乐土，于是他们把整个部落都迁到了这里，成为湖边的第一批居民，也是日月潭最早的发现者。

日月潭，从前叫作水社海或水社大湖，直到光绪三年（1877年）时，统帅丁如霖来此游览，看见这湖面一边好像日轮，一边又似新月，因而命名为日月潭。在日潭和月潭之间，有一个小岛，从前叫珠仔山，后来有人根据日月光华之义，改名为光华岛。日月潭以景美而闻名天下，但是这里流传的神话传说比景还美。

传说古时候大清溪边住着一对青年夫妇。夫叫大尖，妻叫水社，他们相亲相爱，靠捕鱼为生，日子过得很美满。一天晚上，夫妻二人借着月光在门前补渔网，忽听轰隆一声巨响，月亮不见了，第二天，连太阳也没有升起。从此，大地一片漆黑，不能捕鱼织网，庄稼也不能生长。夫妻俩愁眉不展，乡亲们也唉声叹气。

后来，人们终于知道这是因为大清溪里居住的两条黑龙怪把太阳和月亮吞了下去。大尖与水社夫妻二人奋不顾身地找到黑龙怪，经过一番生死搏斗，终于杀死了两个恶魔，救出了太阳和月亮。可是太阳和月亮还是升不起来，他俩用高大的竹竿拼命把太阳和月亮支撑到天上。为了不使它们再掉下来，让人们永远过上美满的日子，大尖和水社日夜撑着竹竿。

许多年过去了，夫妻二人变成了两座雄伟的高山。人们永远不忘大尖和水社夫妻的恩德，把两座山叫作大尖山和水社山。大尖和水社滴在山下的汗水形成了两个湖泊，叫日月潭。

现在，高山族人当中，还流传着一种托球舞。先把球高高地抛向空中，然后用竹竿冲击，不让球落下来，很像大尖和水社托着太阳和月亮的样子。

日月潭原来的面积为4.5平方千米，后来，由于在潭的下游山麓修建了一座水电站，使得日月潭水位增高，水面也扩大到7.7平方千米，轮廓也和以前有所不同。这里冬暖夏凉，气候温和。夏天的平均气温略高于22℃，冬天略低于15℃，加上这里的寺庙古塔较多，因而成为旅游度假的好地方。

台湾明珠——日月潭

第二十四章

我国湖泊资源的保护利用

湖泊资源是在地质、地貌、水文、化学、生物等各种自然因素长期互相作用下形成的。自然因素的区域差异导致湖泊资源具有区域性的特点，利用的对象和利用的方式，也因地区的不同而有所差异。中国外流湖区的绝大多数湖泊为淡水湖，湖水能够外泄，水量也比较丰富，湖泊具有蓄洪、排涝、灌溉、航运、工业给水、发展水产和滩地垦殖之利；有的湖泊还兼具水力资源，能引水发电；不少湖泊景色秀丽，是疗养和游览的胜地，如著名的旅游湖泊——西湖、太湖、东湖（武昌）、大明湖（济南）、滇池和日月潭等。中国内流湖区多盐湖和咸水湖，湖泊补给的水量不足，湖泊资源的利用主要是开采盐湖中的盐、碱等无机盐类。在某些含盐量不高的微咸水湖中，如青海湖、纳木错湖、呼伦湖、博斯腾湖和岱海等，仍可从事渔业生产。

从总体来看，中国湖泊资源的开发利用与保护，主要应做好三个方面。

一、湖泊滩地利用与合理围垦

湖泊水位具有季节性的变化，而湖泊滩地就是介于湖泊高低水位之间的一个季节性积水地段；因受泥沙和生物残体年复一年的沉积，由近岸带向湖心逐渐伸展，不断扩大其规模。汛期湖水位上涨，滩地淹没于水下，水深1～2米；枯水期水位退落，滩地出露。湖泊滩地平坦，土质肥沃，土层深厚，灌溉便利，是优良的土地资源。

湖泊滩地的利用，以围垦种植最为常见，规模亦大，是湖泊滩地利用的一种主要方式。所谓围垦，就是在湖泊滩地上选择有利地段，筑堤拒水；将堤内的滩地辟为农田。有的湖区称之为围田，有的则称之为圩田或垸田。

中国以湖泊滩地为对象从事开垦种植，有着悠久的历史，据文献记载，殷末（公元前11世纪）有周人泰伯从北方南徙。泰伯是周太王的长子，原住陕西岐山附近。他为了成全父意，主动让位于三弟季历和季历的儿子——文王昌，同二弟仲雍一块离开了周国，到了当时被称为荆蛮之地的江南太湖地区，定居于苏州、无锡间的梅里，把北方先进的农业生产技术传授给当地

商业味较浓的高邮湖

人民，垦殖湖滩洲地，并兴修水利为农业生产服务，这是湖区垦殖土地和兴修水利的最早历史记载。之后，春秋末期，因社会生产力的不断发展和人口的逐渐增加，对土地的要求越来越迫切，生活在湖区的人民不得不与湖争地，湖滩地开垦利用的规模日益扩大，由起初比较原始的直接开垦利用而发展到筑堤围垦，有的已达相当规模，其中以位于今江苏高淳区境内的"相国圩"最为著名。该圩在固城湖西侧，水阳江的右岸，为吴人所建。史籍记载："相国圩周四十里，为吴之沃土，后吴丞相（文）钟有宠于君，因以圩赐之，故名。"与相国圩同时代兴建的，还有范蠡在太湖下游长泖地区建造的围田。汉代及三国时期以后，北方遭受长期战争的破坏，人口南迁，太湖地区不断围垦。东晋时期北方战乱又起，国都南迁。接着南朝宋、齐、梁、陈均建都于南京，历时约270年（317～589）。在这较长的历史时期中，封建统治集团为了搜刮更多的财富，以应军政开支，奢侈用度，不得不重视农业和水利，于是

围垦又有了进一步的发展。及至唐末和吴越钱氏时期，则形成比较完整的围垦和农田水利相结合的水网圩田形式。这种圩田，相隔2.5千米～3.5千米有一纵浦，相距3.5千米～5千米有一横塘，利用开塘挖浦所取的泥土来修筑堤岸。塘、浦、田有规则的排列，宛若棋盘。这是湖区劳动人民在生产实践中创造出来的一种蓄泄并筹、排灌兼施的水利系统和方格化的农田布局相结合的湖泊滩地围垦方式，可与关中的郑国渠和四川的都江堰相媲美。

长江中游地区湖泊滩地的围垦，较下游地区为晚。如洞庭湖区于东晋时（约325年）才开始兴建堤垸，并筑堤（寸金堤）以防水患，宋朝南渡以后湖泊滩地的围垦方有了较大的发展，明、清两代堤垸的兴建达到了盛期。这是因为明代嘉靖年间江北的一些穴口被堵塞，清代咸丰、同治年间藕池、松滋相继决口，致使长江挟带的大量泥沙入湖沉积，造成湖泊滩地广泛发育。

湖泊滩地经过劳动人民世世代代的辛勤开垦利用，逐渐形成了农业发达的地区，像太湖、鄱阳湖、洞庭湖等湖区，都成了中国重要的粮仓。许多赞颂湖区富庶的民谚，也因此应运而生，如太湖地区有"上有天堂、下有苏杭"，"苏常熟，天下足"，"苏湖足，天下足"；洞庭湖地区有"湖广熟，天下足"等。这些民谚至今仍在人们中间广为流传。元代农学家王祯和明代博物学家徐光启对于湖泊滩地的围垦曾加以肯定，认为这是"近古之上法，将来之永利，富国富民无越于此"，并作围田诗加以记颂。由此可见，在历史时期，湖泊滩地的围垦是有贡献的。当然，封建势力割据，地方豪绅以邻为壑，对湖滩地滥加围垦，往往导致与湖区水利上的矛盾，从而引起对湖泊滩地围垦的争议。

新中国成立后，湖泊滩地的不断围垦，对扩大耕地面积，增加粮食产量，确实起到了一定的作用。以湖南洞庭湖区为例，湖区面积只有全省的1/17，而1974年粮食产量却达32.5亿千克，占全省总产量的1/5，商品粮占全省的1/3，外调粮占全省的1/2；棉花132万担，占全省总产量的2/3；其他如油料、黄麻、红麻等，亦居全省的重要地位。1979年粮食产量更进一步增长到35亿千克，和1949年相比，净增4.8倍。然而，新中国成立以来，对湖泊滩地的围垦不论是速度还是规模，都超过了历史上的任何一个时期。据不完全统计，仅湖南、湖北、江西、安徽和江苏五省，30余年来，围垦湖泊面积近12000平方千米以上，接近五大淡水湖面积的总和，因围垦而消失的大小湖泊达800个左右。素有千湖之称的湖北省，每年要围垦湖泊面积200多平方千米，围垦掉湖泊27个。以水乡著称的江苏省，围垦湖泊面积700余平方千米，消亡的中、小型湖泊达23个，占全省现有湖泊面积的11.1%。安徽省的城西湖，面积约300平方千米，因围垦而几乎全部消失。苏皖两省交界处的丹阳湖，面积140余平方千米，也因围垦而名存实亡。洞庭湖在1949年时水面积为4350平方千米，是中国当时最大的淡水湖，以后由于连年围垦，到1980年湖面已缩小为2740平方千米，退居为中国第二大淡水湖泊。

云南省有30多个大小湖泊也都受到不同程度的围垦。显然，如果这样的围垦再继续下去，将会有更多的湖泊从地球上消失。值得庆幸的是，近年来，随着科技的发展和人民认识的提高，我国已经越来越重视对湖泊等生态系统的保护，并制订了相应的法律法规政策来保护生态系统的可持续发展。

湖泊受泥沙淤积，使湖底日益淤高，洲滩逐渐扩大，这是自然发展的客观规律，从事湖滨滩地的合理利用是社会发展的需要。然而湖泊不仅滩地可以围垦种植，还有繁衍水生动植物、蓄水灌溉、发电和旅游等多种效益。在历史时期，由于湖泊面积浩大，滩地广袤，围垦部分滩地对发展水产和水利没有太大的影响。但是在湖泊面积已日渐缩小的情况下，再大规模围垦，必将加剧围垦与水利、围垦与水产之间的矛盾。因此，当前必须对湖泊滩地采取保护性措施，对无计划滥围滥垦应坚决予以制止；对严重影响行洪、蓄洪的围垦地区，应当退田还湖；而对那些地势较高、蓄洪价值不大的湖泊滩地，确因扩大农田耕地或建筑用地的需要而小面积围湖造田（地），应在深入调查研究的基础上，对围垦、水利、水产等加以统筹考虑，进行全面规划和合理安排。

滩地的不断扩大，是湖泊不断淤积的结果。因此，采取多种途径，大力开展湖泊流域的综合治理，减少泥沙淤积，是延长湖泊使用寿命、制止围垦的重要措施。如果只强调制止湖泊滩地围垦，而每年仍有大量泥沙沉积于湖内，那么围垦虽可制止，滩地却日渐增多，这样湖泊同样会失去调蓄洪水和增殖水产的效益。因此，对湖泊滩地实行合理围垦与开展湖泊流域的综合治理，这是保护湖泊、充分发挥湖泊作用的两项不可分割而又紧密配合的措施。

二、提高水资源的利用率

湖泊中蓄积的淡水是工农业生产以及居民生活用水的重要水源之一。随着生产的不断发展，对淡水的社会需要量会日益增加，如建设一个100万千瓦的大型火力发电站，每天所需要的循环冷却水量就达340万立方米。现在，火力发电厂、化工厂等厂矿企业有不少是建立在湖滨，以湖水作为水源。中国淡水湖泊的水质目前仍保持着矿化度低、硬度小和溶解氧丰富等良好的水质条件，能适宜工农业给水和生活饮水的需要。但是如果处置不当，将含有有害物质的工业废水、废渣倾注于湖中，或将受农药污染的灌溉尾水泄入湖内，就有可能造成湖泊污染，从而失去宝贵的淡水资源，危及湖泊生态，破坏水产资源，并影响广大群众的身体健康。

现在，有些淡水湖泊已出现不同程度的污染。例如，苏州太湖中的阴山岛，该岛上生活着近100户人家，当地的养殖户在这一带水域停泊了四五十条大船，渔民吃住都在船上，他们的生活污水和生活垃圾直接排放到湖里，这些都造成了湖水的污染。后来当地的居民又在阴山岛周围的太湖水面，饲养了约670公顷"大闸蟹"，并且在经济利益的驱使下，盲目的扩大围网养殖面积，养殖投进的饲料发酵腐烂，造成湖水严重污染，湖水的污染，不仅造成养殖的鱼、蟹经常死亡，还严重污染了当地居民的饮用水水源。

还有南昌市的艾溪湖，每天大量的污水经由幸福渠流入艾溪湖的入口处，这些污水不仅有附近企业的生产废水，还有当地畜禽养殖废水等，造成湖水的严重污染，以致曾经美丽清澈的艾溪湖变成了这样一番景象：河水一片污浊，发出阵阵恶臭，河面上漂着一层垃圾，蚊虫在里面大量繁衍。

2007年湖南省人民政府做出明确规定："2007年底前，淘汰年产5万吨以下的化学制浆生产装置；2008年底前，5万吨以上化学制浆造纸企业必须配套碱回收装置，逾期未完成的一律停产。"

造纸业对洞庭湖的污染，已经引起当地省人大和省政府高度重视。专家估算："几年之内，环洞庭湖地区的纸浆生产能力可能达到350万吨／年。即使全部企业碱回收和治污设备技术都达到泰格林纸目前的水平，排入洞庭湖的污染物总量，也将在现在的水平上再翻两番或者更多，这还只是造纸一项。"

2007年5月，太湖出现大面积的蓝藻覆盖湖面，并且呈现蔓延扩大的趋势，当时外界纷纷谣传，"为了引入长江水，稀释污染水源而将炸掉无锡外围大坝"。太湖水的污染造成当地数万居民的居住区

湖区富庶的景象

内自来水出现发臭的情况，进而出现人们争相涌入超市抢购矿泉水的现象。

再如云南省的滇池，由于受到工农业污水的影响，在部分监测的水样中亦能检验出酚、氰、砷、铅及氟等有毒物质。

污染的湖泊，有很多方法可以治理。在国外常采用疏浚法和人工曝气法。疏浚法就是利用疏浚机械将湖底受污染的沉积物挖去，并运往他处妥善处置，以达疏浚湖底、净化湖泊水质之目的。瑞典的特鲁曼湖就是通过疏浚工程获得了良好的效果，按照湖沼学家们的意见精心设计的吸泥泵，把该湖受污染的淤泥（沉积物）从湖底吸上来，先输送到岸上淤泥处理厂的沉淀池，将随附的水量分离出来。分离出来的水再抽至凝集沉淀池，用混凝剂进行处理净化后再排入湖内。经脱水处理后的淤泥多用于筑坝或建造作为水鸟栖息场所的人工岛屿，干燥后的淤泥亦可用于公园、园艺及温室等的肥料，所得的资金作为滨湖绿化和公园维修的费用。疏浚后的特鲁曼湖水质获得了改善，溶解

氧含量增高，蓝藻大为减少，适宜养殖、游泳和其他各种娱乐活动。

人工曝气法，一般是在切断外来污染源的情况下，在湖岸上用压缩机将空气或氧气通过曝气装置输入湖中，或者用水泵将液氧输送到湖底，使底层湖水含氧量丰富，加速湖底生物残体的分解，起到控制湖泊污染，恢复生态平衡的目的。这种方法一般只适用于深水湖。如美国纽约市北郊的瓦卡布克湖，水深40余米。在进行人工曝气以前，大量的有机物沉积于湖底，因而耗尽了底层湖水中的氧，底泥中的磷、硫化氢、铁、锰等物质也由此而逸入水中，使水质进一步恶化。栖息于深水层中的冷水性鱼类如鳟鱼等，因吸不到氧而逃往上层，但上层湖水温度高，又不适宜其生存，在这种情况下，鳟鱼不是闷死在底层就是热死在上层。1973年在瓦卡布克湖进行人工曝气后，水质获得了改善，生态环境发生了显著变化。在人工曝气一个月以后，就可以在湖中养殖鳟鱼了。

中国也有治理好的受污染的湖泊，如湖北省鄂州市鄂城区的鸭

儿湖就是其中一例。该湖原有面积60平方千米，水深2米左右，盛产鱼、虾、藕；滨湖良田沃野，生产稻米、棉花，是湖北省的"鱼米之乡"。但自从武汉葛店化工厂等相继建成后，每天有8万吨～10万吨含有六六六、对硫磷、马拉硫磷、乐果等农药的废水排入湖中，造成湖泊的严重污染。大量鱼类畸形、死亡，鸭儿湖几乎由一个渔业高产湖变成了荒湖、废湖，被迫停止了放养鱼类，湖区周围群众的健康也受到一定的影响。为了治理该湖的污染，1976年兴建了氧化塘，处理农药废水，取得了良好的效果。氧化塘法处理废水是一项综合性的生物治理措施。其原理是利用水体中的细菌来分解废水中的有机质，形成稳定的无机氮、磷化合物和二氧化碳，而细菌生活所必需的氧则由藻类的光合作用来提供；同时藻类又利用细菌分解的产物来作为自身生长繁殖的营养物质。氧化塘法就是利用这种"菌藻共生系统"达到了净化水质的目的。它与上述的人工曝气法相比，其主要优点在于所利用的能量来自阳光，不需要机械

曝气装置。自从氧化塘运转以来，鸭儿湖水质逐步得到了改善，至1979年，湖内大型水生植物已恢复到污染前的繁茂景象，一度消失的鲂鱼、腊鱼和虾又开始出现，鱼体健壮、正常。荒废多年的鸭儿湖又有了渔业生产，试养的成鱼1公顷能产1125千克左右。

湖泊污染的防止与治理，是同一问题的两个方面，应密切结合，不能偏废。因此，在治理的同时，要切实加强管理，防止污染继续扩散，是十分必要的。含有汞、砷、酚、六六六等各种工业废水未经净化处理的均不得排入湖内，违者应实行经济制裁，引起严重后果者还应追究法律责任。此外，对于城镇排放的生活污水，要提倡综合利用，城镇郊区可进行污水灌溉，利用土壤的净化作用来消除生活污水对湖泊、河流的污染，可兼收肥田与保护环境之效。湖泊污染问题，只要予以重视，认真对待，是可以防治和免受其害的。

湖泊水资源在地区与时间上分布的不平衡性，也影响到水资源的合理利用。中国地处东亚季风区，

降水量主要集中在每年的6～9月，此时也是湖泊与河流的汛期。由于湖泊的蓄水量有限，汛期众多的水量未被利用就白白地流走，仅洪泽湖、洞庭湖和鄱阳湖每年汛期就有1500余亿立方米的水量被排出湖外。而冬、春农田灌溉用水的季节，又正是湖泊的枯水期，水源不足影响到农田灌溉、交通航运和水产养殖等事业的发展。湖泊水资源在地区上的分布也是很不均匀的。

为了改善这种不平衡，新中国成立后进行了大规模的水利建设。月亮泡、白洋淀、南四湖、洪泽湖、洪湖、洱海等许多大中型湖泊已建闸筑坝，这些湖已由天然湖泊转为受人工控制的湖泊型水库，增加了湖泊的容蓄量，提高了水资源的利用率。此外，在湖泊及河流的上游，还兴建了大、中、小型水库86000座，增加地表水蓄量4000亿立方米左右。随着现代化建设的发展，对淡水的社会需要量将不断增加。采取工程措施来改变水资源分布的不平衡状况，将是提高水资源利用率的重要途径。

三、保护生物资源

湖泊中时刻发生和发展着的地质、地貌、水文、化学、生物等各种自然现象，彼此相互依存，相互制约，统一于湖泊这一综合体中，从而形成了一个完整的生态系统——湖泊生态系统。

湖泊生态系统又是整个生物圈的组成部分。它像森林、草原等所有别的生态系统一样，都是由生物及其所赖以生存的环境两大部分所组成的不可分割的整体，并在其内部不停地进行着物质的流动和能量的转换。一个生态系统中的生物成分有生产者、消费者和还原者（分解者）。湖泊生物成分中的生产者包括浮游藻类、附生藻类和大型水生植物，它们能够把二氧化碳和无机营养元素如氮、磷、钾、硅、铁等在太阳光的作用下，合成有机物质组成自己的躯体，并把光能转变成生物能。消费者包括浮游动物（如轮虫、枝角类、桡足类等）、底栖动物（如螺、蚌等）和游泳动物（如鱼、虾等），它们从绿色植物合成的有机物质中获取自身生命活动所需要的物质和能量，其中肉食性动物（如鳜鱼、青鱼等）则从别的动物躯体获取自身生命活动所需要的物质和能量。还原者是细菌和真菌，它们分解复杂的生物有机体获取自身生命活动所需要的物质和能量，同时把生物有机体还原为二氧化碳和各种无机物质。在湖泊生态系统中，物质和能量就是这样不停地进行着流动和转换。当然，这种流动和转换不是简单的、直线式的，而是十分复杂的网络状系统。由于在流动和转换过程中，物质的大部分转入了贮存状态，只有少部分被消耗，因此就为人类蓄积了鱼、虾、蟹、贝、菱、莲、芡、芦等湖泊生物资源。

湖泊生态系统是在湖泊长期的自然演变过程中所形成的，并处于相对的平衡状态。人们在利用湖泊资源时，如果忽视了湖泊生态系统的整体性，破坏了其中某一环节，就会引起一系列连锁反应，使整个生态系统失去平衡，导致资源的衰减。例如与江河通连的湖泊，新中国成立以后兴建了许多闸坝，在水利上虽然发挥了显著的效益，促进了湖区工农业生产的发展。可是有的湖泊在兴建闸坝的同时，没有从生态系统的角度对湖泊进行周密的综合分析，以致建成的闸坝，切断了鱼、蟹的自然洄游通道，破坏了湖泊水域的生态平衡，引起了水利与水产之间的矛盾，使湖泊鱼产量大幅度下降。江苏省洪泽湖建闸前，鱼类年最高产量曾达2100万千克，自从上游的蚌埠闸建成后，淮河的水文状况发生了变化，青鱼、草鱼、鲢鱼、鳙鱼的产卵场被破坏，下游的三河闸、万福闸建成后，又得不到来自长江的鱼、蟹苗源的补充，水产资源量减少，产量下降。安徽省的泊湖，建闸前的1955年，鱼产量350余万千克，其中青鱼、草鱼、鲢鱼、鳙鱼等大型经济鱼类占产量的54%，建闸后年产量则徘徊在100万千克左右，最低年产量只有45万千克，大型经济鱼类仅占产量的10%。河北省的白洋淀，过去是盛产河蟹之地，河蟹体大肥满，味道鲜美，可与江苏省的阳澄湖清水大闸蟹相媲美。遗憾的是下游枣林庄闸建成以后，该淀河蟹已近乎绝迹。

此外，湖泊滩地围垦，耕地面积虽然扩大，粮食产量增加，但同时也造成许多大、中型湖泊面积的缩小和许多小型湖泊之消亡，这不仅导致湖泊调蓄能力的下降，与水利发生矛盾，而且也与水产发生矛盾。因为湖泊滩地水生植物茂盛，是鱼类栖息和索饵的场所，围垦滩地必将影响水产产量。位于江西省鄱阳湖东南部的信江、抚河入湖三角洲，其上苔草群落发育良好，是该湖鲤鱼、鲫鱼的主要产卵场所，对补充该湖鱼类资源起着重要的作用。20世纪60年代以来因大量的滩地被围垦，鲤鱼、鲫鱼的产卵场所日趋缩小，造成了该湖鱼产量的明显下降。

因此，在湖泊资源的开发利用中，必须注意维护湖泊的生态平衡，本着综合开发、统筹兼顾、因地制宜、兴利除弊的原则，把湖泊建设成具有蓄洪、排涝、灌溉、给水、航运、旅游和水产养殖等多种效益的综合性水体。只有这样，才能有效而合理地利用湖泊资源，为人类提供更多的物质财富。单一开发必然顾此失彼，造成资源的浪费，甚至会出现如恩格斯所告诫的那样，人们陶醉于征服自然所取得的胜利，却往往受到自然的惩罚。

当然，对于因不合理开发而导致湖泊生态平衡受到的干扰破坏，要采取适当的改善措施，以逐步恢复其生态平衡，有利于湖泊资源的合理利用。围垦湖泊及兴建闸坝虽然会对湖泊生态和水产资源带来不利影响，但若采取相应的保护性措施，亦能达到恢复水产资源、发展渔业生产的目的。

1．兴建过鱼设施

有些湖泊因兴建闸坝而隔断了鱼类洄游的通道，可补建鱼道。建设鱼道，欧美各国已采用，并有成功的经验。中国的白洋淀、洪湖、巢湖、固城湖、高邮湖等受闸坝控制的湖泊，也已补建了鱼道。江苏省太平闸鱼道就是沟通长江与邵伯湖、高邮湖、洪泽湖等湖泊的重要鱼道。据观察，在鱼苗汛期，有鳗苗、刀鱼等由长江经鱼道入湖。

灌江纳苗就是根据某些鱼类和河蟹的洄游习性，在鱼、蟹苗旺发的汛期，选择江湖水情有利时期，适时起闸，使鱼、蟹苗随江水进入湖内，以补充湖泊水产的后备资源。如湖北省的洪湖，1964年5月利用螺山排水闸灌江一次，当年产量就由1963年的385万千克增加到543万千克，1965年达800万千克，而且青鱼、草鱼、鲢鱼、鳙鱼等大型鱼类所占的比例显著上升，显示了灌江纳苗的效果。1972年5月13～21日，先后灌江5次，共126小时，估计灌入的鱼苗达1亿尾以上，当年在湖中就能见到体长半寸左右的青鱼、草鱼、鲢鱼、鳙鱼群，渔民也经常可以捕获到体重250克以上的个体，濒于绝迹的河蟹、鳗鲡又重新有了捕捞产量。

2. 建立繁殖保护制度

鲤鱼、鲫鱼、鳊鱼、蚰鱼、银鱼等都是湖泊中定居性鱼类，根据其生长，繁殖的习性，规定"禁渔期"和捕捞规格，确保亲鱼产卵繁殖，大量增加其补充群体，是促使鱼类资源增加的重要措施之一。太湖渔业生产管理委员会根据国务院颁布的《水产资源繁殖保护条例》，制定了《太湖水产资源增殖与繁殖保护实施细则》，规定银鱼禁捕期为每年2月上旬至5月中旬，

开捕和禁捕的具体日期均由湖管会同水产收购部门和渔业生产单位的代表经试捕确定。对于鲤鱼、鲫鱼、鳊鱼等经济鱼类，经过调查研究之后也都划定了季节性的繁殖保护区，并确定了停捕、开捕的日期。这一措施经过多年来的认真贯彻执行，使太湖的鱼产量有所提高，鱼、虾、蟹年产量一般都能保持在1000万千克以上。阳澄湖，当地管理部门规定河蟹的禁捕期为每年的6月下旬至9月下旬，最小起捕规格为75克；鲤鱼的禁捕期为5月下旬至9月下旬，最小起捕规格为250克；青虾的禁捕期为每年的7月上旬至8月上旬。其他如漏湖、洪泽湖等适时禁捕银鱼，也都取得了较好的成效。

3. 提高大、中型经济鱼类与河蟹的产量

自从人工繁殖培育青鱼、草鱼、鲢鱼、鳙鱼、团头鲂等鱼苗实验成功和相继推广应用之后，人工放流已成了调整湖泊鱼类区系组成、提高大型经济鱼类产量的一项重要资源增殖措施，如今全国许多湖泊都已广泛应用。在太湖的水产

资源中，多年来以梅鲚、银鱼和白虾为主，这"三小"成了该湖的优势种群，占总产量的70%左右。1957～1973年陆续投放了鲢鱼、鳙鱼、鲤鱼等鱼种1.2亿多尾，其中尤以1969～1973年投放的鲢鱼、鳙鱼、鳊鱼较多，1973年捕获的鲢鱼、鳙鱼约占该湖渔产的30%，鳊鱼占9%。长江下游湖泊人工放流河蟹苗的效果比较显著，河蟹本是下游湖泊的大宗水产品之一，由于江湖阻隔，产量逐年下降，高邮湖、白马湖、洪泽湖等已近乎绝迹。20世纪60年代末推广河蟹苗人工放流后，产量迅速回升。1974年洪泽湖河蟹产量猛增至70万千克左右。同年江苏省河蟹产量达650万千克，超过历史最高年产量60%以上。

除上述的水产资源增殖和保护措施外，还应淘汰和限制水老鸦、密目网等落后的渔具渔法；在湖区种植菱、莲、芦苇、茭草等水生植物，实行养、捕、种结合，以种植推动湖泊生态平衡的逐渐恢复，有利于水产资源的繁殖保护，促进渔业生产的发展。中国广大地区的湖泊自然条件优越，但是从事天然捕捞的大型湖泊，每公顷水面的鱼产量不超过75千克；中型湖泊产量略高，也只有75千克～150千克；从事养殖的小型湖泊，每公顷水面的鱼产量一般在225千克以上，好的有1500余千克。从以上的对比分析可知，提高湖泊鱼类的产量是有可能的，只要重视湖泊的生态平衡，加强水产资源的繁殖保护，像对待耕地那样把可以利用的湖面都充分利用起来，不仅使渔业生产的面貌能逐步好转，而且对湖区农业生产的发展也将是一个很大的促进。

中国政府对保护湖泊生态环境和湖泊资源是十分重视的。《宪法》已明确规定："国家保护环境和自然资源。"制订的《环境保护法》明确宣布："一切企业、事业单位的选址、设计、建设和生产，都必须充分注意防止对环境的污染和破坏。""新建大、中型水利工程，必须事先做好综合科学调查，切实采取保护和改善环境的措施，防止破坏生态系统。"湖泊是自然资源的重要组成部分之一，保护湖泊生态环境和湖泊资源，人人有责。